田径场地设计计算
测量和画法 （第2版）

陈于山　陈琳　编著

人民体育出版社

图书在版编目（CIP）数据

田径场地设计计算测量和画法 / 陈于山, 陈琳编著
. -- 2版. -- 北京：人民体育出版社, 2024
ISBN 978-7-5009-6345-5

Ⅰ. ①田… Ⅱ. ①陈… ②陈… Ⅲ. ①田径运动—场
地—建筑设计 Ⅳ. ①TU245.1

中国国家版本馆CIP数据核字(2023)第140491号

＊
人 民 体 育 出 版 社 出 版 发 行
北京盛通印刷股份有限公司印刷
新 华 书 店 经 销
＊
787×1092　16开本　13.75印张　289千字
2016年4月第1版　　2024年2月第2版
2024年2月第2版第1次印刷（总第4次印刷）
印数：1—3,000册
＊
ISBN 978-7-5009-6345-5
定价：48.00 元

社址：北京市东城区体育馆路 8 号（天坛公园东门）
电话：67151482（发行部）　　　　邮编：100061
传真：67151483　　　　　　　　　邮购：67118491
网址：www.psphpress.com
（购买本社图书，如遇有缺损页可与邮购部联系）

作者简介

陈于山，1949 生，福建省莆田市人。福建省福州第三中学高级教师，田径国家级裁判员，中国田径协会人工合成材料跑道田径场地验收员，中国教育装备行业协会学校体育运动场地验收专家。2006 年至今，参加验收多个不同类型的体育场地。撰写的多篇相关论文在《北京体育大学学报》和省级等刊物上发表。参加编写的中华人民共和国住房和城乡建设部制定的《中小学校体育设施技术规程》（JGJ / T 280—2012）于 2012 年正式发布实施。编写的本书讲稿和课件已用于 2014 年中国田径协会举办的田径场地验收人员培训班的讲课。2013—2015 年，受聘于北京中体建筑工程设计有限公司，担任第 1 届全国青年运动会福州市的 15 个场馆建设工程体育工艺咨询专家。2017—2021 年，受聘担任第 18 届世界中学生运动会晋江市的 30 个场馆建设工程体育工艺咨询专家。2020—2022 年，受聘担任福建省南平市武夷新区体育中心场馆建设工程体育工艺咨询专家。

内 容 提 要

　　本书除前言外共有 8 章 36 节：前言中阐述了编写本书的必要性和重要性。第一章对标准田径场地定位做了概述。第二章对半径 36.50m 标准田径场弯道上点、位的数理计算原理进行了分析说明。第三章对编制计算程序进行了数据处理，并给出了径赛项目的点、位数据。其中关于抢道线和不分道跑的起跑线、异程接力起跑线和接力区画法、3000m 障碍的起跑线与栏架位置应根据水池建好的准确位置重新测量和计算测量定位，是笔者经过多次验证后得出的科学数据。第四章和第五章是半径 36.00m 和半径 37.898m 两种规格跑道的定位计算数据。第六章（原第四章）根据《田径竞赛规则（2018—2019)》和 2022 年出版的《世界田联田径场地设施手册（上册)》要求，对径赛场地的画法进行了统一。第七章（原第五章）介绍了田径场地布局和田赛场地的画法。第八章（原第六章）对非标准田径场地画法做了示例引导，特别强调了对不安装道牙的田径场，第 1 道实跑线半径只能加 0.20m。附录部分列举了非标准场地建设的参考数据和一些球类场地画法尺寸供参考。

再 版 说 明

本书第 1 版 2016 年出版后受广大读者的欢迎，特别是塑胶跑道施工企业更需要有这样一本工具书。因第 1 版第 1 次发行 3000 册，而后又增印 3500 册，供不应求，需要再次印刷出版。

2017 年国际田联对田径竞赛规则做了重大修改，中国田径协会也重新审定了《田径竞赛规则（2018—2019）》，之后由人民体育出版社出版，其中对接力跑项目进行较大修改，并把原来的"中线"改称为"标志线"，还增加了长距离异程接力项目。2021 年重印时，相应对原书中第三章和第八章及其他章节中的接力项目的数据和名称做了修改和增补。

2022 年新出版的《世界田联田径场地设施手册（上册)》对国际田联《田径场地设施标准手册》第 1~3 章做了更新。本次再版根据上述更新内容进行了修改。《田径竞赛规则（2018—2019）》增加了 4×200m 接力全程分道跑内容，本次修改也增加了这部分数据和画法。第 1 版跑道上数据只有 1~8 道，应读者要求，增加第 9 道数据；根据 World Athletics Technical Rules（2023 版）的新规定，对第七章的跳高场地和跳远起跳板的橡皮泥板进行修改；第八章增加了第七节，供读者参考使用。

前　言

随着我国改革开放的不断深化、经济建设的迅速发展，以及人民生活水平的不断提高，广大人民群众对体育运动的认识也不断提高，群众性体育活动广泛开展，人民群众对体育运动场地的需求也越来越强烈。另外，随着我国体育运动水平的不断提高，参加和举办国际体育比赛越来越多，迫切需要建造更多符合国际标准的体育运动场地和设施，以进一步促进我国体育运动健康发展，并与国际接轨，适应现代体育比赛和训练的需要，使我国的体育运动更上一层楼。

田径是所有体育运动项目的基础，有着广泛的群众基础，是群众喜闻乐见的一项运动，特别在学校，大都设有田径项目。因此，学校必须有一个田径运动场，用以教学、训练、比赛和开展群众体育锻炼。

田径运动场地的修建，是一个投资大项，场地面积大，活动项目多，用途广，影响大，质量要求也高。因此，应该按照国际田联、中国田径协会和国家有关建筑方面的标准和要求，把田径场地建设好。

田径场地的设计、计算、测量和画法，是体育教师、教练员、大专院校体育系学生、田径裁判员等体育工作者必须掌握的基本知识和技能，同时也是田径场地施工企业人员测量画线的基本依据。

随着田径运动的不断发展，竞赛规则不断修改，原来出版的一些相关书籍，有的已不适应新规则对田径场地画线的要求。近年来，笔者在对田径场地验收和做现场施工指导时发现，有的施工企业人员仍沿用过时的资料进行画线，以致产生较多误差，影响了田径竞赛的公平与公正。有鉴于此，笔者依据《田径竞赛规则（2018—2019)》、2012 年 7 月第 2 次印刷的《田径场地设施标准手册》的规定和中国田径协会有关文件规定，运用数学理论对田径场地的设计、计算、测量和画法进行了认真的研究；运用计算机对相关数据进行了编程处理，绘制了大量图表，并做了详细分析和文字说明，最后汇编成本书，希望能对规范田径场地测量和画线有所帮助，以提高田径场地的建设质量，同时为田径场地设计计算测量和画线的教学提供参考。

由于水平有限，书中可能存在疏漏与不妥之处，真诚地欢迎广大读者、专家、同行提出批评与建议。

编者

目 录

第一章　田径场地设计

田径场地有标准场地和非标准场地两类，都是由两个半圆和两个直段跑道组成的。

标准田径场，也称半圆式 400m 标准田径场。非标准的田径场可分两种：一种是周长 400m，但形状不标准；另一种是周长不足 400m，形状也不标准。不论哪种田径场，都要有若干条跑道，中央应有可供设计球类运动的地方，两侧和两端应有可供修建沙坑和投掷区的空地。

第一节　径赛场地的定位

中国田径协会《田径竞赛规则（2018—2019)》（以下简称《规则》)、《世界田联田径场地设施手册（上册)》（2022 年 6 月第 1 次印刷，以下简称《手册》）对标准田径场地都有明确规定。《手册》（25 页）指出："经验表明，最适宜的 400m 椭圆跑道是建成弯道半径在 35.00m 与 38.00m 之间，最好的是 36.50m。现在，国际田联建议今后所有新的跑道应按后者的规定建造，并被称为 '400m 标准跑道'。" 按国际田联规定，400m 标准跑道（图 1.1）包括两个半径 36.50m 的半圆和与之相连接的长度为 84.39m 的两个直段，8 条跑道，各宽 1.22m，终点线前至少有 17.00m 的缓冲区，直道至少为 130.00m。跑道内外侧要预留 1m 以上的无障碍区，如图 1.1 中标出的"无障碍区"。

在明确"400m 标准跑道"规定的前提下，为了便于在径赛场地开展测画工作，必须对场地进行定位。通常的定位方法是把总终点设在 AE 处的直、曲段，称为第一直、曲段分界线（简称第一分界线)，然后按逆时针方向（向前）顺次将其他几个直、曲段 DF、CG、BH 称为第二、三、四直、曲段分界线（简称第二、三、四分界线)。第一分界线前的弯道 AD 称为第一弯道，第三分界线前的弯道 CB 称为第二弯道，第二分界线前的直道 DC 称为第一直道，第四分界线前的直道 AB 称为第二直道。

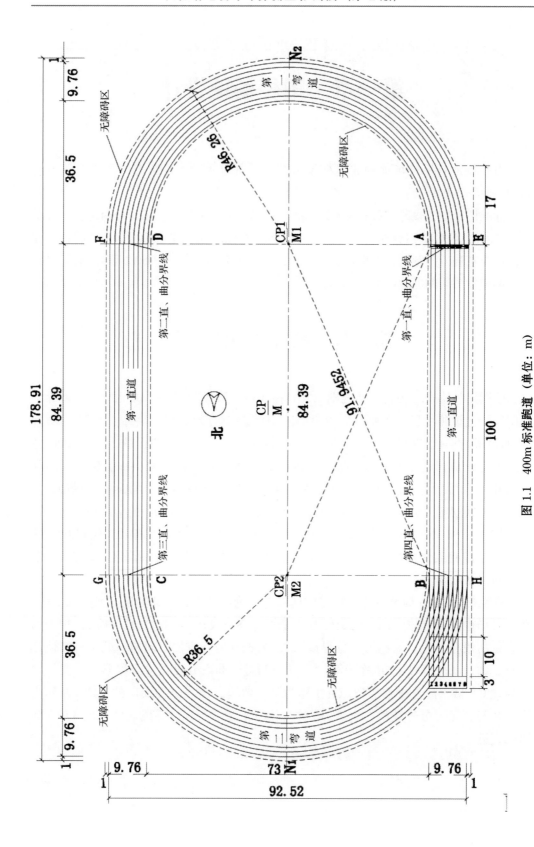

图 1.1　400m 标准跑道（单位：m）

第二节　400m 标准跑道的构成及分道线

400m 标准跑道包括两个半径都为 36.50m 的半圆和与之相连接的长度为 84.389m 的两个直段。跑道内边有一个高约为 0.05m、宽至少为 0.05m 的突沿（内突沿）。

《规则》规定："应在跑道内突沿外沿以外 0.30m 处测量跑道长度"。从理论上说，"外沿以外 0.30m 处"就是运动员跑进路线（即实跑线，也叫测量线，这条线不画出）。因此，跑道内突沿长度为 398.12m。第 1 道按理论上的跑进路线计算，长度为 400.00m（允许误差为 +0.04m，即应不少于 400.00m 和不超过 400.04m），其他跑道由距离其内侧分道线的外沿向外 0.20m 处丈量跑进线。各项径赛的距离就是按这些实跑线计算的（图 1.2）。

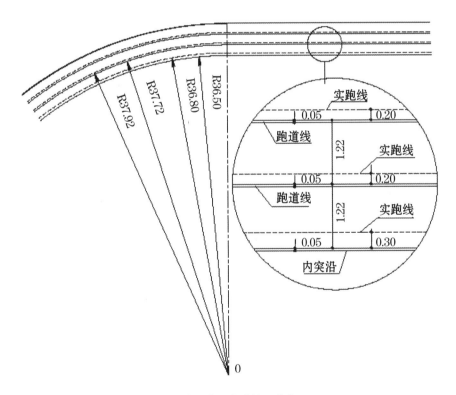

图 1.2　跑道线、实跑线（单位：m）

所有级别比赛的丈量精确度要求是："弯道上每 15° 一个控制点，要达到内突沿外沿上的" 30 个控制读数（图 1.3）[《田径场地设施标准手册》（以下简称《标准手册》）为 28 个控制读数，为了便于操作，本书调为 30 个控制读数]。这些控制读数是突沿布局和精确丈量 400m 标准跑道的基础，在跑道测量放样时也应按这个要求进行操作。

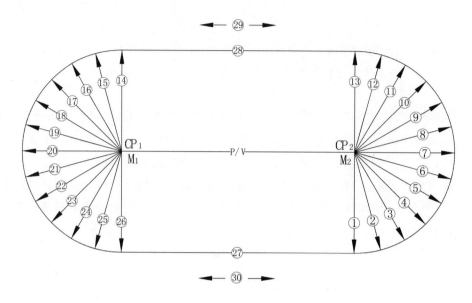

P/V=先决条件。半圆圆心间距离（CP/M）：84.39m（±0.005m）

①~⑬和⑭~㉖的测量结果：每一处的设计半径都为 36.50m（±0.005m）

㉗和㉘的测量结果：每一处的设计直段都为 84.389m（±0.005m）

㉙和㉚的测量结果：直段的定线都为 84.389m，允许误差 0.010m

图 1.3　400m 跑道的 30 个测量控制点

田径场上的各分道线必须是用 0.05m 宽的白线画成的。由于跑道内沿的宽度包括在 36.50m 半径之内，因此，第 1 道的宽度是从跑道内沿的外侧至第二分道线的外侧计算的，第 2 道的道宽是从第二分道线的外侧至第三分道线的外侧计算的（即各分道线的线宽包括在左侧分道的宽度之内），其他各道，依此类推（图 1.2）。

《规则》规定：所有的"分道宽应为 1.22m ± 0.01m"（图 1.2），还规定径赛须沿逆时针方向跑进，即"跑进和走进的方向应为左手靠内场。分道编号应以左手最内侧分道为第 1 道。"

也可以这样确定：画跑道线（大线）的过程中，在场地上放样已弹出各跑道线的墨线（或称记号线），以逆时针方向跑进，那么 0.05m 宽跑道线应画在记号线的左侧。或者说所有 0.05m 宽跑道线均画在靠足球场一侧。

第二章 田径场地弯道点、位、线的计算原理和测量方法

跑道点、位是在跑道上确定径赛各项目的起点、栏架位置和各接力区域的准确位置。跑道点、位的计算原则是对于所有从起跑线到终点线的距离，不论是直道上的还是弯道上的，其基本要求都是：每一名运动员一致的最短路线距离，且不少于规定距离，不允许出现负偏差。

跑道测量，从起跑线到终点线的跑进的长度偏差不超过 $0.0001 \times L$（L 是以 m 为单位的跑进长度），也不小于 0.000m。例如，400.00m 跑道的长度允许误差为 +0.04m，即应不少于 400.00m 和不超过 400.04m。

第一节 前伸数

在弯道上进行分道跑项目比赛时，运动员必须沿各自的跑道跑完全程，或沿各自跑道跑过部分距离。由于各分道弯道半径不同，周长也不同。如果终点设在同一直线上，那么起点位置就不在一条直线上，使各分道与第 1 道形成了分道差。为了使第 2 道及以上各道的运动员与第 1 道运动员所跑的距离相等，其起点必须向前伸出比第 1 道多出的距离，这一向前伸出的距离数据就称为"前伸数"。

前伸数计算方法如下。

设：C_n 表示第 n 道前伸数（n 表示除第 1 道以外的道次）。

根据《规则》规定：第 1 道圆周实跑线计算半径为 $r + 0.3$，其他各道圆周实跑线计算半径为 $r + (n-1)d + 0.2$（r 表示第 1 道半径，d 表示分道宽，通常为 1.22m）。例如第 5 道计算半径 $= r + (5-1)d + 0.2 = r + 4d + 0.2 = 41.58\text{m}$。

$\because$ 第 1 道全长 $= 2\pi (r+0.3) + 2L$（设 L 表示直段长）

第 n 道全长 $= 2\pi [r + (n-1)d + 0.2] + 2L$

$\therefore$ 第 n 道前伸数 $= 2\pi [r + (n-1)d + 0.2] + 2L - [2\pi (r+0.3) + 2L]$

化简整理就有 $C_n = 2\pi [(n-1)d - 0.1]$ (2.1)

根据公式（2.1）发现，前伸数与弯道半径 r 和直段 L 无关，与道次 n 和跑道宽 d 有关，还与全程跑几个弯道有一定关系。通常 200m（跑一个弯道）、400m（跑两个弯道）等项目，是根据跑 n 个弯道来求不同的前伸数的。

求一个弯道实跑线前伸数：$C_n = \pi [(n-1)d - 0.1]$（200m 起跑线）

$\qquad C_n = \pi [(n-1)d - 0.1] +$ 切入差（800m 起跑线）

求两个弯道实跑线前伸数：$C_n = 2\pi [(n-1)d - 0.1]$（400m 起跑线）

求三个弯道实跑线前伸数：$C_n = 3\pi [(n-1)d - 0.1]$

$\qquad C_n = 3\pi [(n-1)d - 0.1] +$ 切入差（4×400m 接力起跑线）

根据上述公式计算径赛弯道各分道跑项目起跑线的前伸数如表 2.1 所示。

表 2.1　径赛弯道各分道跑项目起跑线的前伸数（单位：m）

项目	一	二	三	四	五	六	七	八
200m	0	3.519	7.352	11.185	15.017	18.850	22.683	26.516
400m	0	7.038	14.703	22.368	30.034	37.700	45.365	53.011
800m	0	3.526	7.384	11.259	15.151	19.061	22.989	26.933
4×400m 接力	0	10.564	22.087	33.627	45.185	56.761	68.353	79.963

注：表中 800m 和 4×400m 接力起跑线都有抢道线和切入差问题，有关切入差问题见第三章第四节。

第二节　单位前伸数

在弯道上，由于各外道长于第 1 道，因此，在分道跑时，各外道都要有一定的前伸数，以保证全部运动员所跑的距离相等。

当第 1 道向前移动一定距离时，其他各道前伸数是有变化的，具体数字需要通过计算求出。

要想知道"单位前伸数"怎么求得，需要解释一下"单位前伸数值"。所谓"单位前伸数值"，就是在弯道中，第 1 道每前进 1m 时，其他各道都要前进相应的距离，那么前进的相应值就是"单位前伸数"。"单位前伸数值"计算方法是各外道的前伸数除以第 1 道弯道总长度。有了"单位前伸数值"就能求出"单位前伸数"。

一、单位前伸数的计算方法

求单位前伸数必须先求"单位前伸数值"。其方法为：

设某外道单位前伸数值为 M_n，即 $M_n = \dfrac{\text{某外道的前伸数}}{\text{第 1 道弯道总长}}$。

$$M_n = \frac{C_n}{2\pi\,(r+0.3)}$$

$$= \frac{2\pi\,\left[(n-1)\,d - 0.1\right]}{2\pi\,(r+0.3)}$$

化简整理后，单位前伸数值 $M_n = \dfrac{(n-1)\,d - 0.1}{r+0.3}$ （2.2）

根据 3 种常见田径场地第 1 道的半径，计算出第 1~9 分道单位前伸数值 M_n，如表 2.2 所示。

表 2.2　各分道单位前伸数值 M_n 对照表

道次	$r=36.00$m	$r=36.50$m	$r=37.898$m
1	0	0	0
2	0.030853994	0.030434783	0.029321521
3	0.064462810	0.063586957	0.061261035
4	0.098071625	0.096739130	0.093200549
5	0.131680441	0.129891304	0.125140063
6	0.165289256	0.163043478	0.157079577
7	0.198898072	0.196195652	0.189019090
8	0.232506887	0.229347826	0.220958604
9	0.266115702	0.262500000	0.252898118

求出单位前伸数值，通过它就能求得单位前伸数，即求得由两个半径（r 和 R）的夹角所对的放射点所在道次的弧长。各分道单位前伸数计算方法是：由第 1 道放射点起，剩余的弯道长度乘以该道的"单位前伸数值"。

【例 2.1】求 4×100m 接力第一接力区第 4 道标志线前伸数是多少米？

分析：4×100m 接力第一接力区第 1 道标志线距起跑线 100m，换句话说就是起跑线向前进了 100m，就到了第一接力区标志线。

解：单位前伸数 = 第 1 道基准点剩余的弯道长度×该道的单位前伸数值

∵ 第 1 道基准点剩余的弯道长度 = $2\pi\,(36.50+0.3)-100$

查表 2.2 第 4 道单位前伸数值 = 0.096739130

∴ 第 4 道标志线前伸数 = $\left[2\pi\,(36.50+0.3)-100\right]×0.096739130 = 12.694$m

注：此处前伸数相对于第 1 道而言，或者说以第 1 道的标志线为基准点，第 4 道前伸了 12.694m。

二、前伸数计算方法选用

为了方便计算，针对不同情况，可以选择两种方法计算前伸数，这里所讲的前伸数是相对应第 1 道某一基准点的前伸数。

一般情况下，基准点在第一弯道或在第二弯道开始段，这时单位前伸数即其前伸数，可用求单位前伸数的方法来直接求其前伸数，如例 2.1。如果基准点在第二弯道末端，这时各道剩余的路程是一样的，那么剩余的路程（实跑线）就是各道的前伸数。

三、标准田径场地弯道上点、位、线的测量

一个田径场的跑道有直道，也有弯道。丈量直道比较简单容易，丈量弯道就比较麻烦，沿弯道丈量各种不同长度的弧形实跑线（看不见的线）是一件很困难的事，更何况有些弧线几乎无法丈量，即使量出来，误差也是很大的。如何在弯道上定位和画出各种标志线？解决了各道前伸数问题后，就可以在弯道上定位，并在弯道上测量画出各种标志线。

通过数学理论，我们可以把弯道上的任何一个实跑线弧段，换算成相应的角度或弦长（直线距离），再运用一定工具或仪器（全站仪、经纬仪或钢尺等）进行测量。

经纬仪测量法是利用经纬仪来测量各弯道上一定弧长的方法。测量是根据弯道上一定弧长所对的测量角度，用经纬仪来确定该弧长在弯道上所处的位置。这种方法的优点是：计算简单，测量准确。缺点是：操作起来不如其他方法简便，也容易受仪器精度的限制。

常用的另一种方法就是用放射线法来测画跑道线，丈量操作起来比较方便。然而，放射线的计算也是建立在测量角度的基础上得来的数据，经过几次计算或换算，很容易产生误差。放射线法还因基准点的变化，计算的数据也是各种各样，无法统一。因此，不提倡用放射线法进行弯道上的点、位、线的测量定位。

20 世纪 80 年代前，国内田径场较多的是沙土或煤渣跑道的场地，跑道线的布置测量、画线都要现场临时安排，有时遇到下雨或其他原因，一场比赛要画上好几次。采用放射线法可以快速地测量画好场地，并基本可满足比赛需要。

现代田径场地都已建成人工合成材料的塑胶跑道，测量和画一次跑道线可以使用较长时间，因此，建造时要严格按标准把各个点、位画准确。因为点、位的测量角度是永远不变的。为了减少计算产生的误差，必须依据测量角度的数据，很认真地进行弯道上的点、位、线的测量定位，然后用其他方法来校对、核准，使测量的点、位、线精准无误。

第三节　弯道上前伸数对应角度的计算

一、角度测量计算法

角度测量计算法是根据本章第二节计算出的各道前伸数乘以每米所对角度，得到测量角数据再用经纬仪测量的方法。

(一) 计算测量角度

求弯道上各道实跑线（一定弧长）所对的角度。

①求各道实跑线每米所对的角度，这也是以后计算数据的基本要素。

其公式为 $K_n = \dfrac{360°}{2\pi \cdot r}$　　　　　　　　　　　　　　　　　　　　(2.3)

第 1 道弯道实跑线每米所对的角度为 $K_1 = \dfrac{360°}{2\pi\ (r+0.3)}$

第 2 道和以后各道实跑线每米所对的角度为 $K_n = \dfrac{360°}{2\pi\ [r+\ (n-1)d+0.2]}$

其中 r 表示第一弯道的半径，n 表示除第 1 道以外的各分道数，d 表示分道宽，K_n 表示各条弯道实跑线每米所对的角度。

根据公式（2.3）的计算，三种类型跑道的各道实跑线每米所对角度如表 2.3 所示。

表 2.3　各道实跑线每米所对角度 K_n

道次	$r=36.00$m	$r=36.50$m	$r=37.898$m
1	1.578396130	1.556950530	1.499999464
2	1.531153915	1.510964650	1.457270088
3	1.482810029	1.463867642	1.413412360
4	1.437425477	1.419617926	1.372117372
5	1.394736600	1.377964875	1.333166877
6	1.354510154	1.338686437	1.296366727
7	1.316539051	1.301585177	1.261543634
8	1.280638791	1.266484958	1.228542441
9	1.246644463	1.233228143	1.197223814

②各道前伸数所对应的角度：各道每米所对角度 K_n 乘以前伸数 C_n。

即：$K_n \times C_n$ (2.4)

（二）角度计算方法选用

【例2.2】如图2.1所示，400m跑第4道起跑线前伸数 $\overset{\frown}{B'C}$＝22.36813969m。

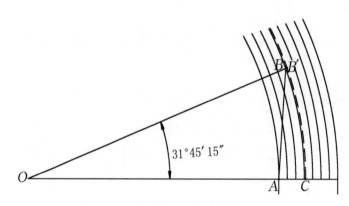

31°45′15″

图 2.1　400 米跑第 4 道起跑线前伸数示意

查表2.3，第4道每米所对的角度1.419617926°／m，那么400m跑第4道起跑线前伸数对应的角∠BOA＝1.419617926°／m×22.36813969m＝31.754212098°

即∠BOA＝31°45′15″

把一定弧长所对的角度换算成测量角度。

由于经纬仪的度盘读数一般都是沿顺时针方向增加的，而所有计算的弧长和角度又是沿逆时针方向增加的，因此为了便于测量，应把所对的角度按顺时针方向换算成测量角度。换算的方法，用180°减去该角度即可。

如：把例2.2计算的31°45′15″换算成测量角度，则是

180°－31°45′15″＝148°14′45″

如果测量的点、位计算的角度靠近第二、四分界线，或者说计算的角度小于90°，那么计算的角度就是测量角，就不用换算。

【例2.3】如图2.2所示，$\overset{\frown}{A''B'}$ 为400m栏第4道第二栏的前伸数，求400m栏第4道第二栏的测量角度∠BOC是多少度？

分析：根据规则，第二栏距起跑线（45+35）m，所以第1道的基准点距第二分界线的距离 $\overset{\frown}{A'C}$＝π(r＋0.3)－（45+35）＝35.611m。查表2.2：第4道单位前伸数值 M_4 为0.096739130。查表2.3：第1道每米所对的角度为1.556950530°／m，第4道每米所对的角度为1.419617926°／m。第二栏基准点距第二分界线的角度＝1.556950530×35.611＝55.44456532°＝55°26′40″。

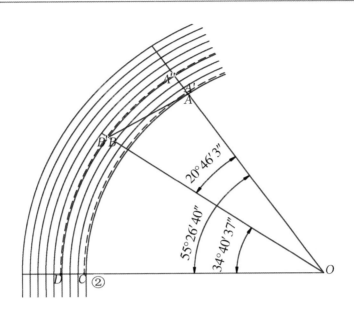

图 2.2　400 米栏第 4 道第二栏测量角∠BOC 示意

解：400m 栏第 4 道第二栏前伸数 $\overset{\frown}{A''B'}$ = $\left[2\pi\ (r+0.3) - (45+35)\right] \times 0.096739130$

$\overset{\frown}{A''B'}$=14.629m

400m 栏第 4 道第二栏前伸数对应角∠AOB = 1.419617926 × 14.629 = 20.76759064°

400m 栏第 4 道第二栏测量角∠BOC = 55.44456532° − 20.76759064° = 34.67697468°

∠BOC = 34°40′37″

　　如果基准点在第二弯道末端，这时各道剩余的路程是一样的，那么直接用剩余的路程（实跑线）弧长乘以该道实跑线每米所对角度，就可求得对应角度，这样计算更简便些。如：标准场地的 4×100m 接力第四接力区各线和 400m 栏第 8 栏的各点、位就用此法。

　　【例 2.4】求 4×100m 接力第四接力区第 3 道前沿距第四分界线的角度。

　　分析：4×100m 接力第四接力区前沿距终点线 =90m，第四分界线距终点 =84.389m。

　　4×100m 接力第四接力区前沿距第四分界线 = 90 − 84.389 = 5.611m。

　　查表 2.3，第 3 道每米所对的角度 1.463867642° / m。

　　解：90 − 84.389 = 5.611m。

　　所求角度 = 1.463867642 × 5.611 = 8.213761339°

　　如果基准点在第一弯道末端，也可以用剩余的路程弧长乘以该道实跑线每米所对角度求得对应角度。这里所指剩余的路程弧长只对第一弯道而言。

　　【例 2.5】如图 2.3 所示，求 4×100m 接力第一接力区第 2 道前沿距第二分界线的角度。

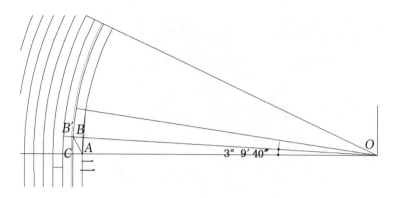

图2.3 $4 \times 100m$ 接力第一接力区第2道前沿距第二分界线的角度示意

分析：$4 \times 100m$ 接力第一接力区前沿距起跑线110m（实跑线）；第2道前沿距第二分界线的 $\overset{\frown}{B'C}$= 第2道半圆实跑线长 – 起跑前伸数 –110m = $\pi \left[r + (n-1)d + 0.2 \right] -2\pi \left[(n-1)d - 0.1 \right] -110$。

解：$\overset{\frown}{B'C} = \pi \left[36.5 + 1.22 + 0.2 \right] - 2\pi \left[1.22 - 0.1 \right] - 110$

$\qquad = 119.129 - 7.037 - 110$

$\qquad = 2.092m$

查表2.3，第2道每米所对的角度为 $1.510964650° / m$

$\angle AOB = 1.510964650° / m \times 2.092m = 3.160938048° = 3°9'40''$

（这也是这个点、位的测量角度）

二、经纬仪的使用

经纬仪（图2.4）是测量中的精密测量仪器，可以用于测量角度、工程放样及粗略的距离测取。整套仪器由仪器、脚架部两部分组成。

图2.4 经纬仪

第一步，先将经纬仪安放在第一弯道的圆心上，做好仪器的"对中""整平"和"对光"（即调整十字丝的清晰度）工作。

第二步，固定水平度盘。即先将上制动螺旋松开，通过测微鼓（或称水平读数目镜）使水平游标盘的零点对准水平度盘上270°处，然后将它固定住，同时松开下制动螺旋。平转仪器，使望远镜的缺口准星对准第二弯道的圆心，通过目镜调整下微动螺旋和对光手轮，使十字丝的纵丝清晰地正对圆心的标杆正中线（为了精确起见，应将望远镜对准标杆根部观测）。接着固定住下制动螺丝。这样就使水平度盘的270°对准了第二弯道的圆心。上述准备工作就绪后，松动上制动螺旋，将仪器顺时针方向平转90°，使水平游标盘零点对准水平刻度盘上的零点（即360°），这就是第二分界线；再将仪器顺时针方向平转180°，这就是第一分界线。

第三步，按照各道在第一弯道上一定弧长所对的测量角度进行测量。方法是：先将仪器平转到该道一定弧长所对的测量角度，然后通过目镜挪动立在该道内沿或分道线上的垂直标杆，使望远镜中的十字丝纵丝与标杆中心线相吻合，这就是所需要的弯道一定弧长。

【例2.6】测量400m跑第4道的起点（图2.5）。

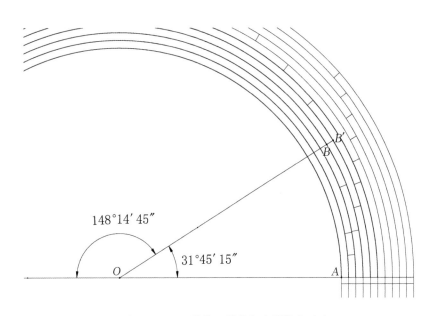

图2.5　400m跑第4道的起点测量角示意

分析：400m跑第4道的起点前伸数对应角是31°45′15″，那么其测量角就是180° − 31°45′15″ = 148°14′45″。

注意：测量角度时，先测相应跑道线对应角的B点，再把此角度线延长到下一条跑道线上的点B′，连接B′B两点，并做上记号，以此记号画线。

测量的操作方法：通过测微鼓先将水平游标盘逆时针方向平转至 148°14′45″ 的地方，然后通过缺口准星和望远镜进行观察。当目镜中的十字丝纵丝与立在第三条分道线上垂直标杆 B 相吻合时，此标杆的位置 B 则是 400m 跑时第 4 道的起点（图 2.5）。测量时将此角度延长至第四条分道线上 B′，连接 B′B，B′B 就是第 4 道起跑线。

为保证准确性，测量每一个角度时均应进行"盘左观察"和"盘右观察"，若有误差，应取其平均值，最后确定该弧长在该道所处的位置，从而减少误差。

当某弯道测完后，如果"闭合差"不超过 2t（即该经纬仪最小读数的 2 倍），那么，这次测量应视为有效。

第四节 弯道上前伸数和放射线的计算原理

放射线丈量法属于余弦丈量法的一种，它是根据已知的由基准点至圆心的半径和由放射点至圆心的半径所构成的夹角，利用余弦定理求出放射线长度（即从基准点至放射点的距离）的一种丈量方法。这种丈量法的特点是：根据计算得来的距离，从第一分道的某一基准点向外面各条分道做出放射式的丈量。本书介绍的是按分道线计算的放射线丈量法。

一、放射线计算基本原理

已知：图 2.6 中 $\triangle AOB$ 的 A 为基准点，B 为要测量的点，$OA=r$，$OB=R$，OA 与 OB 的夹角 β，$\overset{\frown}{ab}$ 是已知的前伸数。

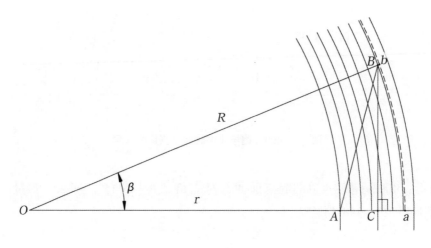

图 2.6 放射线 AB 示意

求：放射线 AB 长。

解：通过实跑线 $\overset{\frown}{ab}$ 长，并根据该道每米所对的角度，求得 β 的度数。

①从 B 点做一条与 OA 延长线垂直的线交于 C 点。

②根据勾股定理：$AB^2 = BC^2 + AC^2$，

由于 $AC = OC - OA$，因此 $AB^2 = BC^2 + (OC - OA)^2$

$$= BC^2 + OC^2 - 2 \times OC \times OA + OA^2 \tag{1}$$

又由于 $BC^2 + OC^2 = OB^2 = R^2$ $\tag{2}$

$\cos\beta = \dfrac{OC}{R}$，则 $OC = R \times \cos\beta$ $\tag{3}$

$OA = r$ $\tag{4}$

把（2）（3）（4）分别代入（1），得 $AB^2 = R^2 - 2rR\cos\beta + r^2$

$$AB = \sqrt{R^2 + r^2 - 2rR\cos\beta} \tag{2.5}$$

当 $OA = OB$（即第 1 道）时，$AB = \sqrt{r^2 + r^2 - 2r^2\cos\beta}$

$$= r\sqrt{2\ (1 - \cos\beta)} \tag{2.6}$$

二、放射式丈量法的计算与应用

用放射线进行丈量的方法也有多种目前常用的放射式丈量法都是把基准点设在跑道内突沿外侧上，然后向外至各分道线做放射式丈量。下面介绍相应基准点放射式丈量法、固定基准点放射式丈量法。

（一）相应基准点放射式丈量法

相应基准点放射式丈量法是把各基准点设在跑道内突沿外侧上，然后向各分道线进行丈量的方法。其特点是：以相应的项目为基础，每一组的放射线集中，不容易遗漏。但是，因相应基准点比较多，实地丈量时需要经常挪动基准点，有时也易出现误差。

相应基准点放射线长度计算示例：

【例 2.7】运用上述各跑道每米所对的角度 K_n 和单位前伸数 C_n 等方法，求 400m 栏第 5 道第二栏位置的分道线放射线 AB 长度及测量角 $\angle DOB$ 的度数（图 2.7）。

已知：400m 栏基准点 A 在第 1 道第二栏位置的跑道线外侧上，$OA = r = 36.50\text{m}$，第 5 道第二栏位 B 点，第 5 道半径 $OB = R_5 = 41.38\text{m}$。求：AB 长和 $\angle DOB$ 的度数。

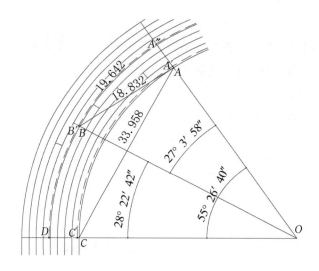

图 2.7　基准点放射线示意

解：查表 2.2 第 5 道单位前伸数值 $M_5 = 0.129891304$

第一步：求单位前伸数 $\overset{\frown}{A''B'}$。

∵ 第 1 道基准点剩余的弯道长度乘以该道的单位前伸数值，

基准点 A 剩的弯道长度 $= 2\pi (36.50+0.3) - (45+35)$

∴ $\overset{\frown}{A''B'} = [231.221 - (45+35)] \times 0.129891304$

$= 151.221 \times 0.129891304 = 19.642$m。

第二步：求单位前伸数所对的角度，查表 2.3 第 5 道为 1.377964875°/m。

计算：$\angle A''OB' = 1.377964875°/\text{m} \times 19.642\text{m} = 27.06598607°$，

$\angle A''OB' = 27°3'59''$（对应计算角）。

第三步：求得 $\cos 27.06598607° = 0.8904830843$。

第四步：代入余弦公式 2.5，求得第 5 道第二栏位置的放射线 AB 长度，

$$AB = \sqrt{R_5^2 + r^2 - 2 \times R_5 \times r \times \cos \angle A''OB'}$$

$$= \sqrt{41.38^2 + 36.50^2 - 2 \times 41.38 \times 36.50 \times 0.8904830843}$$

$$= 18.832\text{m}$$

所以，从基准点（第二栏在第一跑道线外沿的 A 点）至放射点（第 5 道内侧分道线第二栏的位置 B 点）的放射线（直线距离）$AB = 18.832$m。

第五步：计算测量角。

∵ 第 1 道第二栏基准点已从第一分界线 O 点向前进了 $(45+35)$m，

其所对应的角度 $= 1.55695053°/\text{m} \times (45+35)\text{m} = 124.5560424°$

∴ 第 1 道第二栏基准点测量角 $= 180° - 124.5560424°$

$$= 55.4439576° = 55°26'38''$$

第 4 道第二栏位置测量角 = 55.44456532° − 27.06598607° = 28.37857925°

测量角 ∠DOB=28°22′42″

(二) 固定基准点放射式丈量法

固定基准点放射式丈量法就是以第 1 道 4 个直、曲段分界线交点为基准点，向前或向后丈量的方法。其特点是：基准点较固定，但有些项目从基准点到放射点的距离太长，丈量起来不太方便。

1. 固定基准点放射式丈量法

这种丈量法是先在两个弯道的跑道内沿上固定 4 个或 6 个基准点，然后利用余弦定理，求得从各个固定基准点至弯道上各径赛项目有关距离的放射线长度再进行丈量的方法。其优点是：由于能直接从弯道长度求得未知角度，从而提高了计算的准确性，简化了计算步骤，从各固定基准点做出的放射线一般不超过 35m，这也给丈量工作带来很大方便。

2. 相应基准点和固定基准点放射式丈量法结合的丈量法

当相应基准点放射距离较大，测量点又靠近某固定基准点时，就在某固定基准点处（有时可选择在直、曲段分界线处）向后（↓）用放射式丈量法丈量。

当所要求的点、位接近第二或第四分界线时，还可利用该点、位距所接近的分界线的距离，求得该点、位与分界线的夹角，即可获得测量角，也可计算出放射线，就能把基准点设在直、曲分界线②、④，向后放射丈量得出各道点、位。

下面就固定基准点向后放射丈量应用举例：

【例 2.8】4×100m 接力第一接力区第 3 道标志线点、位的另一种求法（图 2.8）。

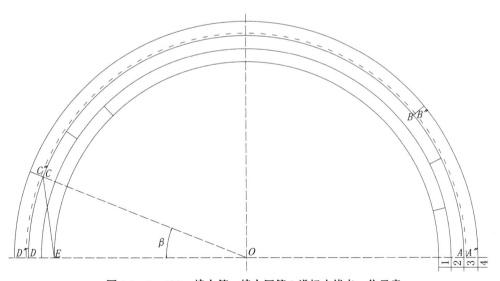

图 2.8　4×100m 接力第一接力区第 3 道标志线点、位示意

分析：

第一，第 3 道半圆实跑线 $\overset{\frown}{A'D'} = \pi\left[r+(n-1)\times 1.22 + 0.2\right]$

$$= \pi\left[36.50+(3-1)\times 1.22 + 0.2\right] = 122.962\text{m}$$

第二，400 米跑第 3 道起跑前伸数 $\overset{\frown}{A'B'} = 2\pi\left[(n-1)\times 1.22 - 0.1\right]$

$$= 2\pi\left[(3-1)\times 1.22 - 0.1\right] = 14.703\text{m}$$

第三，$4\times 100\text{m}$ 接力第一接力区第 3 道从起点前进 100 米 $\overset{\frown}{B'C'}$ 就到达标志线位置。

解：查表 2.3 第 3 道每米所对角度 $= 1.463867642°/\text{m}$。

第一，$4\times 100\text{m}$ 接力第一接力区第 3 道标志线距第二分界线距离

$$= \overset{\frown}{C'D'} = \pi\left[r+(n-1)\times 1.22 + 0.2\right] - 2\pi\left[(n-1)\times 1.22 - 0.1\right] - 100$$

$$= \pi\left[36.5+(3-1)\times 1.22 + 0.2\right] - 2\pi\left[(3-1)\times 1.22 - 0.1\right] - 100 = 8.259\text{m}$$

第二，测量角 $\angle\beta = 1.463867642°/\text{m}\times 8.259\text{m} = 12.0908286°$

$$\cos 12.0908286° = 0.9778195043$$

第三，放射线 $CE = \sqrt{36.5^2+38.94^2-2\times 36.5\times 38.94\times 0.9778195043} = 8.307\text{m}$。

【例 2.9】以第四分界线为固定基准点，求 $4\times 100\text{m}$ 接力第四棒第 2 道前沿向后测量的放射线长。

分析：从实跑线来讲，$4\times 100\text{m}$ 接力第四棒各道前沿距第四分界线都是 5.611m，那么各道实跑线所对的角度可通过各实跑线的弧长乘以各道每米所对的角求得，这样就使得计算更简便。有了角度，通过余弦定理就可计算出相应的向后丈量放射线。

解：第 2 道前沿与第四分界线夹角 $= 1.510964650°/\text{m}\times 5.611\text{m} = 8.478022651°$，

$\cos 8.478022651° = 0.9890724869$

放射线 $AB^2 = 36.5^2+37.72^2-2\times 36.5\times 37.72\times 0.9890724869$

$AB = 5.619$

第 3 到第 8 道放射线分别为 5.925、6.456、7.161、7.933、8.918、9.909

第 1 道放射线 =5.560（图 2.9）。

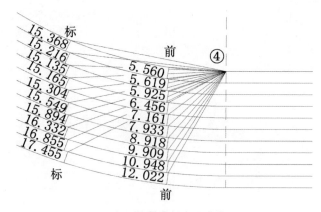

图 2.9 各道放射线示意（单位：m）

如图 2.9 所示，第四棒标志线各道放射线分别为 15.368、15.216、15.135、15.165、15.304、15.549、15.894、16.332、16.855、17.455。

另外，前面已讲过，所有点、位的测量角度都是固定不变的。有了测量角度，利用余弦定理也可以计算向后丈量的放射线长度，并可缩短丈量的相对长度，从而更方便丈量。

但是，从每个固定基准点引申出的放射点较多，而这些放射点又包含多种径赛项目有关距离，前后交错，很容易造成混乱。所以在实地丈量之前，要很好地熟悉和掌握其方法。

为了使测量的点、位、线既准确又方便，当测量的数据在直段跑道上时，可在直、曲段分界线处用钢尺直接向前（↑）或向后（↓）测量；当测量的数据在弯道上时，可用经纬仪测量或采用放射式丈量法。

三、钢尺丈量方法及要求

国际田联《标准手册》第 27 页指出：

"在用尺丈量时，必须遵循：

1. 只能用标准钢卷尺，包括温度均衡表。

2. 在丈量前、后和即刻（在 30m 卷尺上施加 50N 的张力，在 50m 和 100m 卷尺上施加 100N 张力）用接触式温度计测量尺的温度 [*]。

3. 根据卷尺温度和温度均衡表纠正读数。

4. 在没有温度均衡表的情况下，采用下列方法计算出由温度引起的钢卷尺长度与标准。

20℃下的长度变化：尺的温度（0℃）与 20℃的偏差×丈量长度（m）×0.0115mm。

5. 如尺的温度高出 20℃，则丈量长度读数减去计算出的差值，温度低于 20℃的则加上差值。

6. 例如：

尺的温度为 15℃，丈量距离为 36.50m；

尺的长度变化：5×36.50×0.0115mm=2.10mm；

读数应增加 2mm 至 36.502m"。

在实践中我们都要遵循这个规定，才能使丈量或测量的场地点、位准确无误。

---

[*] 如果使用不涨钢尺（含 36% 的镍），那么温度控制就可省略。

第三章　半径 36.50m 跑道弯道上点、位、线的计算及数据

第一节　弯道上径赛项目起跑线点、位、线的计算

弯道上起跑的项目有 200m、400m、800m 跑和 4×100m 接力。前伸数在第二章已做说明，现根据前伸数计算出测量角度和放射线，如表 3.1 所示。

表 3.1　弯道上起跑项目各点、位、线数据（单位：m，$r=36.50$）

道次	200m 起跑线		400m 起跑线		800m 起跑线	
	放射线	测量角（O_2）	放射线	测量角（O_1）	放射线	测量角（O_1）
1	0	180°00′00″	0	180°00′00″	0	180°00′00″
2	③↑ 3.652	174°41′01″	①↑ 6.983	169°22′02″	①↑ 3.658	174°40′20″
3	③↑ 7.480	169°14′19″	①↑ 14.289	158°28′38″	①↑ 7.509	169°11′29″
4	③↑ 11.191	164°07′22″	①↑ 21.266	148°14′45″	①↑ 11.257	164°01′01″
5	③↑ 14.788	159°18′26″	①↑ 27.895	138°36′53″	①↑ 14.905	159°07′20″
6	③↑ 18.274	154°45′59″	①↑ 34.170	129°31′58″	①↑ 18.454	154°29′00″
7	③↑ 21.655	150°28′37″	①↑ 40.089	120°57′15″	①↑ 21.908	150°04′45″
8	③↑ 24.933	146°25′09″	①↑ 45.659	112°50′18″	①↑ 25.270	145°53′27″
9	③↑ 28.115	142°34′27″	①↑ 50.890	105°08′55″	①↑ 28.543	141°54′05″

查表说明

本书中所有的数据，均经编制程序计算后写在了第三章表 3.1 至表 3.20 中，并附有图解（后面的第四、五、八章亦然）。

"表 3.1"中的"测量角（O_1）"表示相对第一弯道（南弯道）的圆心，"测量角（O_2）"表示相对第二弯道（北弯道）的圆心，都可直接用经纬仪按数据测量在弯道上的所有点、位。

表中数据前面有"①、②、③、④"的，分别表示第一、二、三、四直、曲段分界线固定基准点；没有的，即为从相应基准点向前（↑）或向后（↓）丈量。基准点一般都在第 1 道第一条线右侧。

前伸数数据在直段跑道上的，表中的数据为黑体字且随后没有测量角数据的，可在该直段各跑道上，以第 1 道为基准点，用钢尺向前（↑）或向后（↓）垂直丈量。

前伸数数据在弯道上的，可先根据测量角的数据用经纬仪测量定位，然后在相应基准点或固定基准点用放射式丈量法进行复核。

长度单位为 m，精确度为 0.000。

第二节　接力区各点、位、线的计算

按中国田径协会审定《规则》第 170 条第 3 款规定：在 4×100m、4×200m 接力及异程接力的第一、第二次交接棒中，各接力区的长度为 30m，标志线（scratch line）位于距接力区开始分界线 20m 处。在异程接力的第三次交接棒和 4×400m 及更长距离的接力中，每个接力区的长度为 20m，标志线位于中间。接力区的开始和结束都从接力区分界线跑进方的向后沿算起。

一、4×100m 接力

（一）第一接力区

1. 标志线

第 1 道标志线，位于第二分界线后 $\pi(r+0.3)-100=15.611$m 处，以此处为基准点，第 2~5 道标志线的前伸数等于第 1 道剩余的弯道长度乘以该道的单位前伸数值。第 1 道基准点剩余的弯道长度 $=2\pi(r+0.3)-100$，各道单位前伸数值 M_n 可查表 2.2。

第 2~5 道标志线单位前伸数计算公式为 $C_n=[2\pi(r+0.3)-100]\times M_n$，再计算放射线由基准点向前丈量。第 2~5 道标志线前伸数还可以 $=\pi[r+(n-1)d+0.2]-2\pi[(n-1)d-0.1]-100$，再计算放射线，但它是由②向后放射丈量。

第 6 道以后的各道标志线已过第一弯道进入第一直道，前伸数可直接用钢尺由第二分界线向前垂直丈量。

第 6 道以后各道的标志线单位前伸数等于该道起跑线前伸数减去该道一个弯道长与 100m 之差，即 $C_n=2\pi[(n-1)d-0.1]-\{\pi[r+(n-1)d+0.2]-100\}$。

2. 后沿

第 1 道后沿在标志线后 20m，或位于第二分界线后 $\pi(r+0.3)-80=35.611$m 处，以此为基准点。第 1 道基准点剩余的弯道长度 $=2\pi(r+0.3)-80$，其他各道单位前伸数值 M_n 可查表 2.2，计算公式为 $C_n=[2\pi(r+0.3)-80]\times M_n$，再计算放射线，向前放射丈量。

3. 前沿

第 1 道前沿，位于第二分界线后 5.611m 处。

第2道前沿的前伸数 = π［r +（n-1）d + 0.2］- 2π［（n-1）d - 0.1］- 110，再计算放射线，但它是由②向后放射丈量。

第3道以后的各道运动员已跑过第一弯道进入第一直道，各道的单位前伸数计算公式为 C_n = 2π［（n-1）d - 0.1］-｛π［r +（n-1）d + 0.2］- 100｝。各道由第二分界线向前垂直丈量。

4 × 100m 接力第一接力区的数据如表 3.2 和图 3.1 所示。

表 3.2　4×100m 接力第一接力区数据（单位：m，r = 36.50）

道次	后沿		
	前伸数	放射线	测量角（O_1）
1	35.611	②↓33.958	55°26′38″
2	4.602	②↓30.498	48°29′24″
3	9.616	②↓26.744	41°22′04″
4	14.629	②↓23.111	34°40′35″
5	19.642	②↓19.667	28°22′39″
6	24.656	②↓16.512	22°26′16″
7	29.669	②↓13.804	16°49′38″
8	34.682	②↓11.797	11°31′10″
9	39.696	②↓10.812	06°29′25″

道次	标志线		
	前伸数	放射线	测量角（O_1）
1	15.611	②↓15.368	24°18′18″
2	3.994	②↓11.845	18°16′14″
3	8.344	②↓8.307	12°05′26″
4	12.694	②↓5.569	06°17′02″
5	17.044	②↓4.911	00°49′06″
6	②↑3.239		
7	②↑7.072	各道从第②分界线向前垂直丈量	
8	②↑10.904		
9	②↑14.737		

道次	前沿		
	前伸数	放射线	测量角（O_1）
1	5.611	②↓5.559	08°44′08″
2	2.092	②↓2.383	03°09′40″
3	②↑1.741		
4	②↑5.573		
5	②↑9.406		
6	②↑13.239	各道从第②分界线向前垂直丈量	
7	②↑17.072		
8	②↑20.904		
9	②↑24.737		

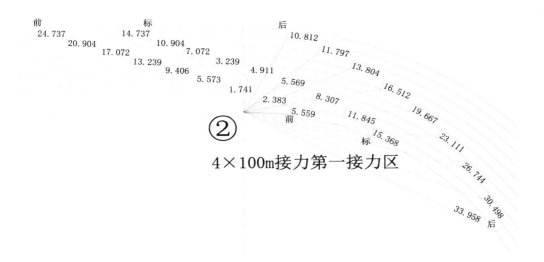

图 3.1 4×100m 接力第一接力区点、位（单位：m）

（二）第二接力区

1. 标志线

标志线同 200m 起跑线。

2. 后沿

第 1 道后沿在标志线后 20m。第 2~6 道前伸数在第一直道上，由第三分界线向后垂直丈量 $20 - \pi\left[(n-1)d - 0.1\right]$。第 7 道以后各道前伸数已进入第二弯道，以第三分界线③点为基准点，单位前伸数等于该道一个弯道前伸数减 20m，计算公式为 $C_n = \pi\left[(n-1)d - 0.1\right] - 20$。以第三分界线③点为基准点，向前放射丈量。

3. 前沿

第 1 道前沿在标志线前 10m，以此为基准点。

第 1 道基准点剩余的弯道长度 $= \pi(r + 0.3) - 10$，各道单位前伸数值 M_n 可查表 2.2，计算公式为 $C_n = \left[\pi(r + 0.3) - 10\right] \times M_n$。再计算放射线，由基准点向前放射丈量。

4×100m 接力第二接力区的数据如表 3.3 和图 3.2 所示。

表 3.3 4×100m 接力第二接力区数据（单位：m，r=36.50）

道次	后沿		
	前伸数	放射线	测量角（O_2）
1	③↓20.000		
2	③↓16.481		
3	③↓12.649	各道从第③分界	
4	③↓ 8.816	线向后垂直丈量	
5	③↓ 4.983		
6	③↓ 1.150		
7	2.682	③↑ 7.715	176°30′32″
8	6.515	③↑10.342	171°44′56″
9	10.348	③↑13.367	167°14′20″

道次	标志线		
	前伸数	放射线	测量角（O_2）
1	0	0	180°00′00″
2	3.519	③↑ 3.652	174°41′01″
3	7.351	③↑ 7.480	169°14′19″
4	11.184	③↑11.191	164°07′22″
5	15.017	③↑14.788	159°18′26″
6	18.849	③↑18.274	154°45′59″
7	22.682	③↑21.655	150°28′37″
8	26.515	③↑24.933	146°25′09″
9	30.348	③↑28.115	142°34′27″

道次	前沿		
	前伸数	放射线	测量角（O_2）
1	③↑10.000	③↑ 9.888	164°25′50″
2	3.214	↑ 3.373	159°34′26″
3	6.715	↑ 6.906	154°36′00″
4	10.217	↑10.336	149°55′36″
5	13.718	↑13.665	145°31′40″
6	17.219	↑16.897	141°22′46″
7	20.720	↑20.036	137°27′40″
8	24.222	↑23.087	133°45′15″
9	27.723	↑26.054	130°14′31″

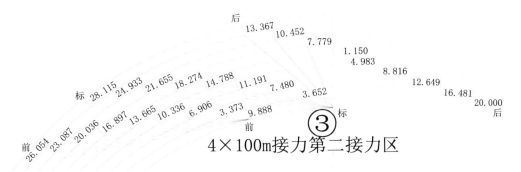

图 3.2　4×100m 接力第二接力区点、位（单位：m）

（三）第三接力区

1. 后沿

第 1 道后沿位于第四分界线后 π（r + 0.3）− 80，为基准点。其他各道后沿单位前伸数值 M_n 可查表 2.2，各道单位前伸数 = [π（r + 0.3）− 80] × M_n，再计算放射线，由基准点向前放射丈量。

2. 标志线

各道标志线位于第四分界线后 π（r + 0.3）− 100。再计算放射线，由④向后放射丈量。

3. 前沿

各道前沿位于第四分界线后 π（r + 0.3）− 110。再计算放射线，由④向后放射丈量。4×100m 接力第三接力区的数据如表 3.4 和图 3.3 所示。

表 3.4　4×100m 接力第三接力区数据（单位：m，r = 36.50）

道次	后沿		
	前伸数	放射线	测量角（O_2）
1	35.611	④↓33.958	55°26′38″
2	1.084	↑ 1.616	53°48′23″
3	2.264	↑ 3.273	52°07′45″
4	3.445	↑ 4.906	50°33′12″
5	4.626	↑ 6.518	49°04′13″
6	5.806	↑ 8.111	47°40′17″
7	6.987	↑ 9.684	46°21′01″
8	8.167	↑11.241	45°06′01″
9	9.348	↑12.782	43°54′58″

（续表）

道次	标志线		
	前伸数	放射线	测量角（O_2）
1	15.611	④↓15.368	24°18′18″
2	15.611	④↓15.216	23°35′13″
3	15.611	④↓15.135	22°51′07″
4	15.611	④↓15.165	22°09′40″
5	15.611	④↓15.304	21°30′39″
6	15.611	④↓15.549	20°53′52″
7	15.611	④↓15.894	20°19′07″
8	15.611	④↓16.332	19°46′14″
9	15.611	④↓16.885	19°15′05″
道次	前沿		
	前伸数	放射线	测量角（O_2）
1	5.611	④↓5.559	08°44′08″
2	5.611	④↓5.619	08°28′39″
3	5.611	④↓5.925	08°12′47″
4	5.611	④↓6.456	07°57′54″
5	5.611	④↓7.161	07°43′52″
6	5.611	④↓7.993	07°30′39″
7	5.611	④↓8.918	07°18′10″
8	5.611	④↓9.909	07°06′21″
9	5.611	④↓10.948	06°55′09″

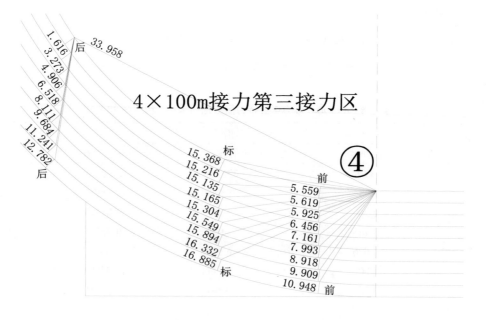

图 3.3 4×100m 接力第三接力区点、位（单位：m）

二、4×400m 接力

（一）起跑线前伸数

$C_n=3\pi$［$(n-1)d-0.1$］＋切入差（切入差问题见本章第四节）。计算放射线，由①向前放射丈量。

（二）第一接力区

第一接力区位于第一直、曲分界线前后。

1. 后沿

第 1 道后沿在终点线后 10m，第 2、3 道后沿在第二直段上，前伸数是 $10-\pi$［$(n-1)d-0.1$］－切入差；从终点线向后垂直丈量。

第 4 道进入弯道，以第一直、曲分界①点为基准点，以后各道单位前伸数等于该道一个弯道前伸数加切入差减 10m，即 $C_n=\pi$［$(n-1)d-0.1$］＋切入差 -10，再计算放射线，由①向前放射丈量。

2. 标志线

同 800m 起跑线。

3. 前沿

第 1 道前沿在终点线前 10m，以此点为基准点，各道单位前伸数等于第 1 道一个弯道长减 10 乘以该道的单位前伸数值再加切入差。

即 $C_n=$［π（$r+0.3$）-10］$\times M_n+$ 切入差，再计算放射线，由基准点向前放射丈量。

4×400m 接力起跑线和第一接力区的数据如表 3.5 和图 3.4、图 3.5 所示。

表 3.5　4×400m 接力起跑线和第一接力区数据（单位：m，$r=36.50$）

道次	起跑线		后沿		前沿	
	放射线	测量角（O_1）	放射线	测量角（O_1）	放射线	测量角（O_1）
1	0	180°00′00″	①↓ **10.000**	各道从第①	①↑ 9.888	164°25′50″
2	①↑10.375	164°02′22″	①↓ **6.474**	分界线向后	↑ 3.379	159°33′46″
3	①↑21.134	147°40′07″	①↓ 2.617	垂直丈量	↑ 6.935	154°33′10″
4	①↑31.200	132°15′46″	①↑ 3.850	178°12′47″	↑10.401	149°49′15″
5	①↑40.480	117°44′13″	①↑ 6.853	172°54′07″	↑13.780	145°20′33″
6	①↑48.927	104°00′58″	①↑10.327	167°52′13″	↑17.075	141°05′47″
7	①↑56.522	91°02′00″	①↑13.850	163°05′42″	↑20.288	137°03′48″
8	①↑63.273	78°43′45″	①↑17.336	158°33′20″	↑23.423	133°13′34″
9	①↑69.203	67°02′59″	①↑20.761	154°14′01″	↑26.482	129°34′08″

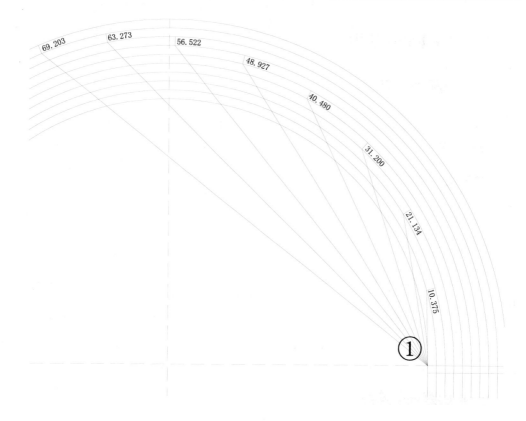

图3.4　4×400m 接力起跑线（单位：m）

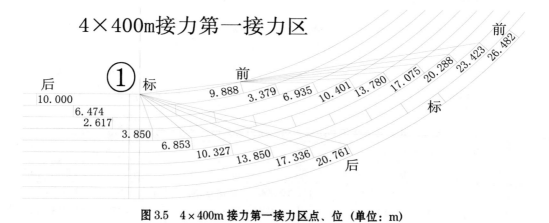

图3.5　4×400m 接力第一接力区点、位（单位：m）

（三）第二、三接力区

第二、三接力区于第一直、曲分界线前后，第二棒完成交接棒跑过抢道线后可不分道跑，在第二、三接力区进行交接棒。

1. 后沿

各道接力区后沿在终点线后，距终点线 10m 且平行终点线，第 1 道为 0.80m 长的蓝色箭头，其他各道为长 0.80m 居跑道中间的蓝线。

2. 前沿

第 1 道前沿为 0.80m 长的蓝色箭头，第 2~5 道各道接力区前沿在终点线前的弯道上，距终点线 10m 且平行终点线，长 0.80m 居跑道中间的蓝线。

三、4×200m 接力

按《规则》，4×200m 接力有两种跑法，一种是全程分道跑，另一种是部分分道跑。

※全程分道跑

《规则》第 170 条 13. (a)：如有可能，应全程分道跑（4 个弯道均为分道跑）。

（一）起跑线前伸数

起跑线位于第一弯道，前伸数 $C_n = 4\pi\left[(n-1)\,d - 0.1\right]$，如表 3.6 和图 3.6 所示。

表 3.6　4×200m 接力全程分道跑起跑线数据　（单位：m，$r = 36.50$）

道次	前伸数	放射线
1	0	0
2	14.074	13.747
3	29.405	27.769
4	44.736	40.462
5	60.067	51.618
6	75.398	61.130
7	90.729	68.984
8	106.060	75.221
9	121.391	79.925
道次	前伸数	放射线
6		②↓50.568
7		②↓41.787
8		②↓32.612
9		②↓23.590

因 6~9 道放射线太长，不方便丈量，可从第②分界点向后放射丈量

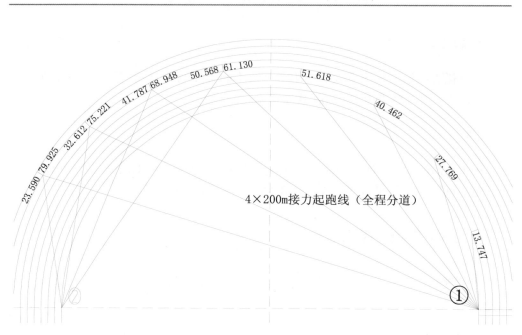

图 3.6　4×200m 接力起跑线（全程分道）　（单位：m）

（二）第一接力区

第一接力区位于位于第三直、曲分界线前后。

1. 后沿

第 1 道后沿在第三直、曲分界线后 20m，第 2 道后沿在第一直段上，前伸数是 20-3π［(n-1) d-0.1］，从第三直、曲分界线向后垂直丈量。

第 3~9 道进入弯道，以第三直、曲分界③点为基准点，以后各道单位前伸数等于该道 3 个弯道前伸数减 20m，各道单位前伸数=3π［(n-1) d - 0.1］- 20，计算放射线，由③向前放射丈量。

2. 标志线

第 1 道标志线在第三直、曲分界线上，以后各道标志线前伸数是 $C_n=3\pi$［(n-1) d - 0.1］。计算放射线，由③向前放射丈量。

3. 前沿

第 1 道前沿基准点位于第三直、曲分界线前，第 1 道剩余的弯道长=3π (r+0.3) - 10，其他各道单位前伸数值 M_n 可查表 2.2。其他各道前伸数 C_n=［3π (r+ 0.3) -10］×M_n，再计算放射线，由基准点向前放射丈量。

4×200m 接力第一接力区的数据如表 3.7 和图 3.7 所示。

表3.7 4×200m接力第一接力区数据（单位：m，r=36.50）

道次	后沿		标志线		前沿	
	前伸数	放射线	前伸数	放射线	前伸数	放射线
1	③↓**20.000** 各道从第③分界		0	0	10.000	③↑9.888
2	③↓ **9.444** 线向后垂直丈量		10.556	③↑10.368	10.251	↑10.075
3	2.054	③↑3.141	22.054	③↑21.104	21.418	↑20.519
4	13.552	③↑13.308	33.552	③↑31.136	32.585	↑30.300
5	25.050	③↑23.572	45.050	③↑40.374	43.752	↑39.336
6	36.549	③↑33.224	56.549	③↑48.774	54.918	↑47.589
7	48.047	③↑42.157	68.047	③↑56.325	66.085	↑55.047
8	59.545	③↑50.327	79.545	③↑63.037	77.252	↑61.719
9	71.043	③↑57.719	91.043	③↑68.938	88.418	↑67.631

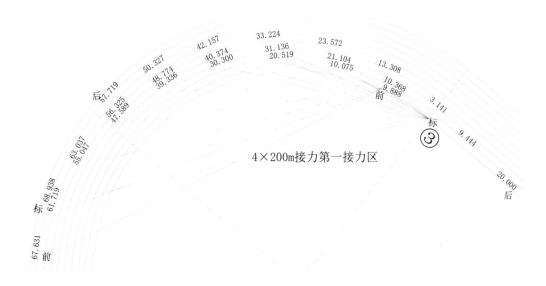

图3.7 4×200m接力第一接力区点、位（单位：m）

（三）第二接力区

第二接力区位于第一直、曲分界线前后。

1. 后沿

第1道后沿在终点线后20m，第2~3道后沿在终点线后，前伸数是$C_n=20-2\pi$ $[(n-1)d-0.1]$，从终点线向后垂直丈量。

第4~8道进入弯道，以第一直、曲分界①点为基准点，以后各道单位前伸数等于该道2个弯道前伸数减20m，即$C_n=2\pi[(n-1)d-0.1]-20$，再计算放射线，由

①向前放射丈量。

2. 标志线

标志线同 400m 起跑线，各道前伸数等于 2 个弯道前伸数，即 $C_n=2\pi\left[(n-1)\ d-0.1\right]$，再计算放射线，由①向前放射丈量。

3. 前沿

第 1 道前沿在终点线前 10m，以此点为基准点，各道单位前伸数等于第 1 道 2 个弯道长减 10 乘以该道的单位前伸数值，即 $C_n=2\pi\left[(r+0.3)-10\right]\times M_n$，再计算放射线，由基准点向前放射丈量。

4×200m 接力第二接力区数据如表 3.8 和图 3.8 所示。

表 3.8　4×200m 接力第二接力区数据（单位：m，r = 36.50）

道次	后沿		标志线		前沿	
	前伸数	放射线	前伸数	放射线	前伸数	放射线
1	①↓ **20.000**	各道从第①	0	0	10	①↑ 9.888
2	①↓ **12.963**	分界线向后	7.037	①↑ 6.983	6.733	↑ 6.692
3	①↓ **5.297**	垂直丈量	14.703	①↑ 14.289	14.067	↑ 13.696
4	2.368	①↑ 4.294	22.368	①↑ 21.266	21.401	↑ 20.395
5	10.034	①↑ 10.552	30.034	①↑ 27.895	28.735	↑ 26.775
6	17.699	①↑ 17.302	37.699	①↑ 34.170	36.069	↑ 32.828
7	25.365	①↑ 23.876	45.365	①↑ 40.089	43.403	↑ 38.555
8	33.030	①↑ 30.183	53.030	①↑ 45.659	50.737	↑ 43.964
9	40.696	①↑ 36.194	60.696	①↑ 50.890	58.071	↑ 49.062

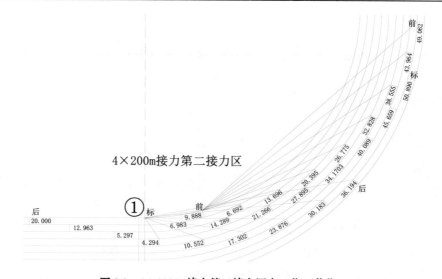

图 3.8　4×200m 接力第二接力区点、位（单位：m）

(四) 第三接力区

第三接力区位于第三直、曲分界线前、后。接力区设置同 4×100m 第二接力区，参看本节一、（二）第二接力区。

1. 后沿

第 1 道后沿位于第三直、曲分界线后 20m，第 2~6 道后沿在第一直段上，前伸数是 $C_n=20-\pi\left[(n-1)\,d-0.1\right]$，从第三直、曲分界线向后垂直丈量。

第 7~8 道进入弯道，以第一直、曲分界③点为基准点，以后各道单位前伸数等于该道一个弯道前伸数减 20m，即 $C_n=\pi\left[(n-1)\,d-0.1\right]-20$，再计算放射线，由③向前放射丈量。

2. 标志线

标志线同 200m 起跑线。

3. 前沿

第 1 道前沿位于第三直、曲分界线前 10m，以此点为基准点，其他各道单位前伸数等于第 1 道 1 个弯道长减 10 乘以该道的单位前伸数值，即 $C_n=\pi\left[(r+0.3)-10\right]\times M_n$，再计算放射线，由基准点向前放射丈量。

4×200m 接力第三接力区数据如表 3.9 和图 3.9 所示。

表 3.9　4×200m 接力第三接力区数据（单位：m，r＝36.50）

道次	后沿		标志线		前沿	
	前伸数	放射线	前伸数	放射线	前伸数	放射线
1	**20.000**		0	0	10.000	③↑ 9.888
2	**16.481**	各道从第③分界线向后垂直丈量	3.519	③↑ 3.652	3.214	↑ 3.373
3	**12.649**		7.351	③↑ 7.480	6.715	↑ 6.906
4	**8.816**		11.184	③↑11.191	10.217	↑10.336
5	**4.983**		15.017	③↑14.788	13.718	↑13.665
6	**1.150**		18.850	③↑18.274	17.219	↑16.897
7	2.682	③↑ 7.715	22.682	③↑21.655	20.720	↑20.036
8	6.515	③↑ 10.342	26.515	③↑24.933	24.222	↑23.087
9	10.348	③↑ 13.367	30.348	③↑28.115	27.723	↑26.054

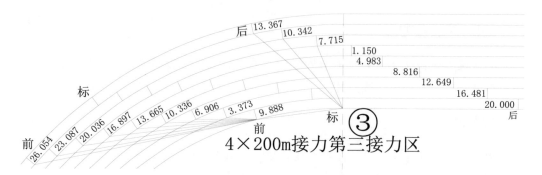

图 3.9　4×200m 接力第三接力区点、位（单位：m）

※部分分道跑

按《规则》第 170 条 13.（b）："前两棒是分道跑，第三棒运动员分道跑越过规则 163.5 所述的抢道线后沿以后，可离开自己的分道（3 个弯道为分道跑）。"

（一）起跑线前伸数

同 4×400m 接力（见本节二），$C_n=3\pi\left[(n-1)d-0.1\right]+$切入差（切入差问题见本章第四节）。

（二）第一接力区

第一接力区位于第三直、曲分界线前后。

1. 后沿

第 1 道后沿在第三直、曲分界线后 20m，第 2、3 道后沿在第三直、曲分界线后，前伸数是 $20-2\pi\left[(n-1)d-0.1\right]-$ 切入差；从第三直、曲分界线向后垂直丈量。

第 4 道进入弯道，以第三直、曲分界③点为基准点，以后各道单位前伸数等于该道 2 个弯道前伸数加切入差减 20m，各道单位前伸数=$2\pi\left[(n-1)d-0.1\right]+$切入差$-20$，计算放射线，由③向前放射丈量。

2. 标志线

第 1 道标志线在第三直、曲分界线上，以后各道标志线前伸数是以 400m 起跑线加切入差，即 $C_n=2\pi\left[(n-1)d-0.1\right]+$切入差。计算放射线，由③向前放射丈量。

3. 前沿

第 1 道基准点位于第 1 道剩余的弯道长=$\pi(r+0.3)-10$，其他各道单位前伸数值 M_n 可查表 2.2。

其他各道前伸数 $C_n = [\pi(r+0.3) - 10] \times M_n + $切入差，再计算放射线，由基准点向前放射丈量。

4×200m 接力第一接力区的数据如表 3.10 和图 3.10 所示。

表 3.10　4×200m 接力第一接力区数据（单位：m，$r = 36.50$）

道次	起跑线		
	前伸数	放射线	测量角（O_1）
1		0	180°00′00″
2	10.563	①↑10.375	164°02′22″
3	22.086	①↑21.134	147°40′07″
4	33.627	①↑31.200	132°15′46″
5	45.185	①↑40.480	117°44′13″
6	56.760	①↑48.927	104°00′58″
7	68.353	①↑56.522	91°02′00″
8	79.962	①↑63.273	78°43′45″
9	91.589	①↑69.203	67°02′59″

道次	后沿		
	前伸数	放射线	测量角（O_2）
1	③↓20.000	各道从第③分界线向后垂直丈量	
2	③↓12.970		
3	③↓ 5.330		
4	2.443	③↑ 4.332	176°31′56″
5	10.168	③↑10.662	165°59′20″
6	17.911	③↑17.480	156°01′24″
7	25.670	③↑24.130	146°35′17″
8	33.447	③↑30.518	137°38′23″
9	41.241	③↑36.615	129°08′24″

道次	标志线		
	前伸数	放射线	测量角（O_2）
1	0	0	180°00′00″
2	7.044	③↑ 6.991	169°21′21″
3	14.735	③↑14.319	158°25′48″
4	22.443	③↑21.333	148°08′23″
5	30.168	③↑28.011	138°25′46″
6	37.911	③↑34.343	129°14′59″
7	45.670	③↑40.326	120°33′23″
8	53.447	③↑45.964	112°18′36″
9	61.246	③↑51.265	104°28′32″

道次	前沿		
	前伸数	放射线	测量角（O_2）
1	③↑ 10.000	③↑ 9.888	164°25′50″
2	6.740	↑ 6.699	154°14′46″
3	14.009	↑ 13.726	143°47′29″
4	21.745	↑ 20.463	133°56′37″
5	28.869	↑ 26.891	124°39′00″
6	36.280	↑ 33.002	115°51′46″
7	43.708	↑ 38.795	107°32′26″
8	51.154	↑ 44.274	99°38′42″
9	58.616	↑ 49.445	92°08′36″

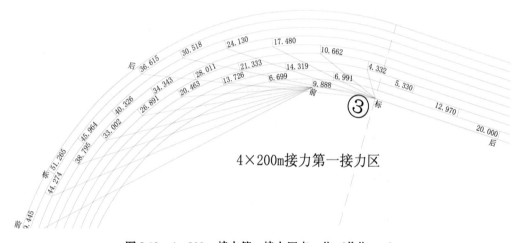

图 3.10　4×200m 接力第一接力区点、位（单位：m）

（三）第二接力区

第二接力区位于第一直、曲分界线前后。

1. 后沿

第 1 道后沿在终点线后 20m，第 2~6 道后沿在第二直段上，前伸数是 20−π［(n−1) d−0.1］−切入差；从终点线向后垂直丈量。

第 7、8 道进入弯道，以第一直、曲分界①点为基准点，以后各道单位前伸数等于该道一个弯道前伸数加切入差减 20m，即 $C_n=2π［(n−1) d−0.1］+$切入差−20，再计算放射线，由①向前放射丈量。

4×200m 接力第二接力区数据与点、位如表 3.11 和图 3.11 所示。

表 3.11　4×200m 接力第二接力区数据（单位：m，r = 36.50）

道次	后沿		
	前伸数	放射线	测量角（O_1）
1	**20.000**		
2	**16.474**		
3	**12.616**	各道从第①分界线向	
4	**8.741**	后垂直丈量	
5	**4.849**		
6	**0.939**		
7	2.988	①↑ 7.807	176°06′39″
8	6.932	①↑ 10.557	171°13′14″
9	10.894	①↑ 13.699	166°33′57″
道次	标志线（同 800m 起跑线）		
	前伸数	放射线	测量角（O_1）
1	0	0	180°00′00″
2	3.526	①↑ 3.658	174°40′20″
3	7.384	①↑ 7.509	169°11′29″
4	11.259	①↑ 11.257	164°01′01″
5	15.151	①↑ 14.905	159°07′20″
6	19.061	①↑ 18.454	154°29′00″
7	22.988	①↑ 21.908	150°04′45″
8	26.932	①↑ 25.270	145°53′27″
9	30.894	①↑ 28.543	141°54′05″
道次	前沿		
	前伸数	放射线	测量角（O_1）
1	①↑ 10.000	①↑ 9.888	164°25′50″
2	3.222	↑ 3.379	159°33′46″
3	6.748	↑ 6.935	154°33′10″
4	10.291	↑ 10.401	149°49′15″
5	13.852	↑ 13.780	145°20′33″
6	17.431	↑ 17.075	141°05′47″
7	21.026	↑ 20.288	137°03′48″
8	24.639	↑ 23.423	133°13′34″
9	28.269	↑ 26.482	129°34′08″

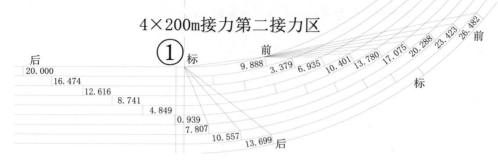

图 3.11　4×200m 接力第二接力区点、位（单位：m）

2. 标志线

同 800m 起跑线。

3. 前沿

第 1 道前沿在终点线前 10m，以此点为基准点，其他各道单位前伸数等于第 1 道一个弯道长减 10 乘以该道的单位前伸数值再加切入差。

即 $C_n=\left[\pi\left(r+0.3\right)-10\right]\times M_n+$ 切入差，再计算放射线，由基准点向前放射丈量。

（四）第三接力区

4×200m 接力第三接力区同 4×400m 接力第二接力区，位于第三直、曲分界线前后。

1. 后沿

各道接力区后沿在第三直、曲分界线后，距第三直、曲分界线 10m 且平行第三直、曲分界线，第 1 道为 0.80m 长的蓝色箭头，其他各道为长 0.80m 居跑道中间的蓝线。

2. 前沿

第 1 道前沿为 0.80m 长的蓝色箭头，第 2~5 道各道接力区前沿在第三直、曲分界线前的弯道上，距第三直、曲分界线 10m 且平行第三直、曲分界线，长 0.80m 居跑道中间的蓝线。

注：本项目进行比赛较少，为了使本区域记号不复杂，画线时一般不画。如需要进行本项目比赛，建议用可拆卸的布带按点、位临时安装布置。

四、1000m（100m-200m-300m-400m）异程接力

根据《规则》第 170 条 14：“异程接力赛，前两棒为分道跑，第三棒运动员可

按规则第 163.5 规定在越过抢道线后即可切入里道（两个弯道为分道跑）。"

据此分析：1000m 异程接力应跑 2.5 圈，第 1 道起点应在 200m 起跑线处，即在第三直、曲分界线前的弯道上。起跑后，第一棒分道跑 100m；第二棒分道跑 200m；第三棒完成交接棒跑过抢道线后可不分道跑 300m；第四棒交接棒的接力区和 4 × 400m 接力相同，跑 400m 直至终点。因此，各道起跑线是跑两个弯道的前伸数 + 切入差（图 3.12）。切入差问题见本章第四节。

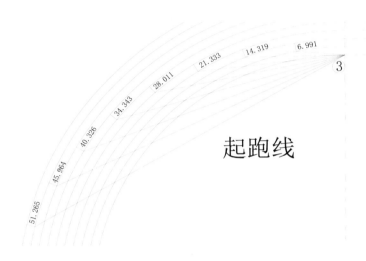

图 3.12　1000m 异程接力跑起跑线（单位：m）

（一）起跑线前伸数

起跑线前伸数 $=2\pi\left[(n-1)d-0.1\right]$ + 切入差。起跑线数据如表 3.12 和图 3.12 所示。

表 3.12　1000m 异程接力起跑线和第一接力区数据（单位：m，$r=36.50$）

道次	起跑线		
	前伸数	放射线	测量角（O_1）
1	0	0	180°00′00″
2	7.045	③↑ 6.991	169°21′21″
3	14.735	③↑14.319	158°25′48″
4	22.443	③↑21.333	148°08′23″
5	30.168	③↑28.011	138°25′46″
6	37.911	③↑34.343	129°14′59″
7	45.670	③↑40.326	120°33′23″
8	53.447	③↑45.964	112°18′36″
9	61.242	③↑51.265	104°28′32″

（二）第一接力区

1. 标志线

第 1 道标志线位于第四分界线后 15.611m 处，以此处为基准点，第 2~5 道标志线的前伸数等于第 1 道剩余的弯道长度乘以该道的单位前伸数值 + 切入差。

第 1 道基准点剩余的弯道长度 = 2π $(r + 0.3) - 100$，第 2~5 道标志线前伸数值 M_n 可查表 2.2。单位前伸数计算公式为 $C_n = [2\pi$ $(r + 0.3) - 100] \times M_n$ + 切入差。再计算放射线，由基准点④向前放射丈量。第 2~5 道标志线前伸数还可 $= \pi$ $[r + (n-1)d + 0.2] - 2\pi$ $[(n-1)d - 0.1] - 100$ - 切入差，但它由第四分界线向后丈量（本例即向后丈量）。

第 6 道以后的各道标志线已过第二弯道进入第二直道，各道标志线前伸数 $C_n = 2\pi$ $[(n-1)d - 0.1] - \{\pi$ $[r + (n-1)d + 0.2] - 100\}$ - 切入差，由第四分界线向前垂直丈量。

2. 后沿

第 1 道后沿在标志线后 20m，或在第四分界线后 35.611m 处，以此为基准点。

第 1 道基准点剩余的弯道长度 = 2π $(r + 0.3) - 80$，其他各道单位前伸数值 M_n 可查表 2.2，其他各道后沿前伸数计算公式为 $C_n = [2\pi$ $(r + 0.3) - 80] \times M_n$ + 切入差。再计算放射线，由基准点向前丈量。

3. 前沿

第 1 道前沿位于第四分界线后 5.611m 处。

第 2 道前沿的前伸数 $= \pi$ $[r + (n-1)d + 0.2] - 2\pi$ $[(n-1)d - 0.1] - 110$ - 切入差，由第四分界线④向后放射丈量。

第 3 道以后的各道运动员已跑过第二弯道进入第二直道，各道的单位前伸数计算公式为 $C_n = 2\pi$ $[(n-1)d - 0.1] - \{\pi$ $[r + (n-1)d + 0.2] - 110\}$ - 切入差，各道由第四分界线向前垂直丈量。

异程接力第一接力区分布和设置如图 3.13、图 3.14 及表 3.13 所示。

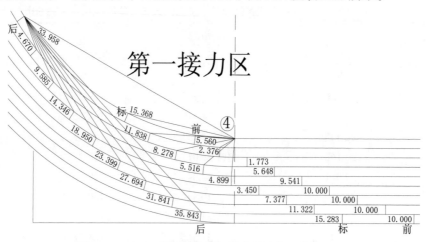

图 3.13　1000m 异程接力第一接力区示意（单位：m）

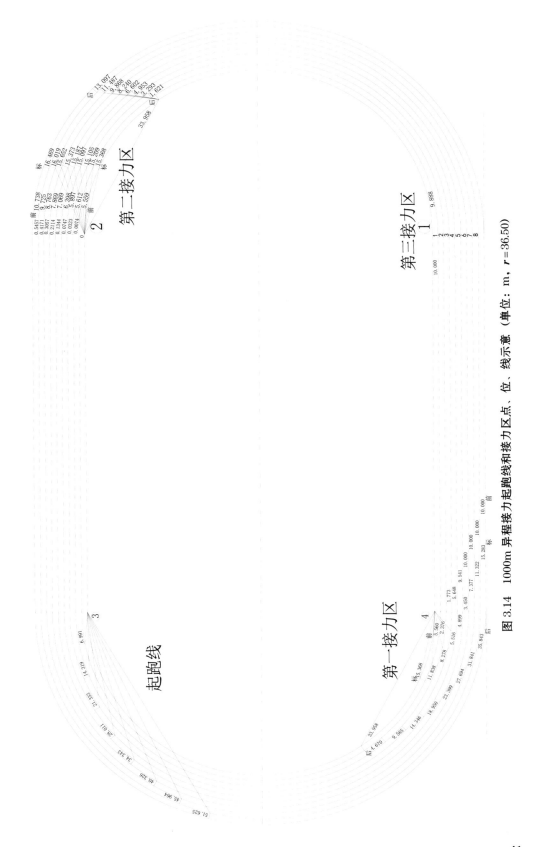

图 3.14　1000m 异程接力起跑线和接力区点、位、线示意（单位：m，$r=36.50$）

表 3.13　1000m 异程接力第一接力区数据

道次	后沿		
	前伸数	放射线	测量角 （O_2）
1	35.611	④↓33.958	55°26′38″
2	4.610	↑ 4.670	48°28′43″
3	9.648	↑ 9.585	41°19′14″
4	14.704	↑14.346	34°34′13″
5	19.777	↑18.950	28°11′32″
6	24.867	↑23.399	22°09′17″
7	29.975	↑27.694	16°25′46″
8	35.099	↑31.841	10°59′28″
9	40.241	↑35.843	05°49′02″
道次	标志线		
	前伸数	放射线	测量角 （O_2）
1	15.611	④↓15.368	24°18′18″
2	4.001	④↓11.838	18°15′34″
3	8.376	④↓ 8.278	12°02′35″
4	12.769	④↓ 5.516	06°10′41″
5	17.179	④↓ 4.899	00°37′59″
6	21.606	④↑ 3.450	
7	26.051	④↑ 7.377	各道从第④分界
8	30.512	④↑11.322	线向前垂直丈量
9	34.991	④↑15.283	08°44′08″
道次	前沿		
	前伸数	放射线	测量角 （O_2）
1	5.611	④↓ 5.560	08°44′08″
2	3.697	④↓ 2.376	03°08′59″
3	7.740	④↑ 1.773	
4	11.802	④↑ 5.648	
5	15.880	④↑ 9.541	各道从第④分界
6	19.976	④↑13.450	线向前垂直丈量
7	24.089	④↑17.377	
8	28.219	④↑21.322	
9	32.366	④↑25.283	

(三) 第二接力区

1. 标志线

第 1 道标志线位于第二分界线后 15.611m 处，其他各道标志线的前伸数等于 15.611m – 切入差，再计算放射线，由②向后放射丈量。

2. 后沿

第 1 道后沿位于标志线后 20m，或位于第二分界线后 35.611m 处，以此为基准点，其他各道后沿的前伸数 $C_n = [\pi (r + 0.3) - 90] \times M_n +$ 切入差，再计算放射线，由基准点向前放射丈量。

3. 前沿

第 1 道前沿位于第二分界线后 5.611m 处，其他各道前沿的前伸数等于 5.611m– 切入差，再计算向射线，由②向后放射丈量。

第二、三接力区分布和设置如表 3.14 和图 3.15 所示。

表 3.14　1000m 异程接力第二、三接力区（单位：m，$r = 36.50$）

道次	后沿		
	前伸数	放射线	测量角 (O_1)
1	35.611	②↓33.958	55°26′38″
2	1.091	↑ 1.621	53°47′43″
3	2.297	↑ 3.293	52°04′55″
4	3.520	↑ 4.953	50°26′51″
5	4.760	↑ 6.602	48°53′06″
6	6.017	↑ 8.240	47°23′18″
7	7.292	↑ 9.868	45°57′09″
8	8.584	↑11.487	44°34′19″
9	9.894	↑13.097	43°14′35″

（续表）

道次	标志线		
	前伸数	放射线	测量角（O_1）
1	15.611	②↓15.368	24°18′18″
2	15.603	②↓15.209	23°34′33″
3	15.578	②↓15.105	22°48′16″
4	15.536	②↓15.097	22°03′18″
5	15.476	②↓15.187	21°19′32″
6	15.399	②↓15.373	20°36′53″
7	15.305	②↓15.652	19°55′15″
8	15.193	②↓16.019	19°14′32″
9	15.065	②↓16.469	18°34′42″
道次	前沿		
	前伸数	放射线	测量角（O_1）
1	5.611	②↓5.559	08°44′08″
2	5.603	②↓5.612	08°27′58″
3	5.578	②↓5.897	08°09′57″
4	5.536	②↓6.398	07°51′32″
5	5.476	②↓7.069	07°32′46″
6	5.399	②↓7.869	07°13′40″
7	5.305	②↓8.763	06°54′17″
8	5.193	②↓9.725	06°34′39″
9	5.065	②↓10.738	06°14′46″

异程第三接力区（在第一直、曲分界线前、后，同 4×400m 接力第二、三区）

道次	后沿			前沿		
	前伸数	放射线	测量角	前伸数	放射线	测量角（O_1）
1		①↑10		10	①↑9.888	164°25′50″

其他各道接力区前、后沿是平行于终点线且距终点线 10m 的直线（与 4×400m 接力第二、三接力区相同）

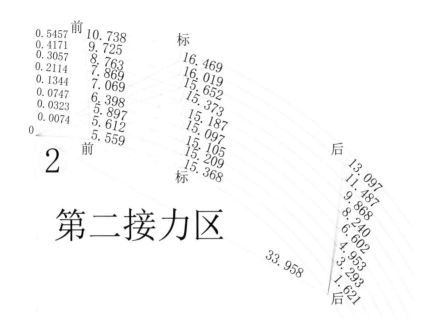

图 3.15 1000m 异程接力跑第二接力区示意（单位：m）

（四）第三接力区

第三接力区在终点附近，接力区设置同 4×400m 接力第二、三接力区，接力方法也相同。

注：本项目进行比赛较少，为使本区域记号不复杂，画线时一般不画，如需要进行本项目比赛，建议用可拆卸的布带，按点、位临时安装布置。

五、4×800m 接力

《规则》第 170 条 16.(a)："第一棒运动员越过规则第 163.5 所述的抢道线后沿以后，可离开自己的分道。"起跑线同 800m，为分道起跑，越过抢道线后不分道，以后各棒为不分道跑。各接力区同 4×400 接力第二、三接力区，接力方法也相同。

六、4×1500m 接力

《规则》第 170 条 18："采用不分道跑的方法跑进。"起跑线同 10000m，为不分道起跑，每棒跑 3 圈 +300m，每个接力区的长度为 20m，各棒接力区标志线同 4×100m 接力第 1 道各棒标志线，各接力区前沿和后沿距标志线 10m，第四棒接棒后直接跑到终点。各接力区画法同 4×400 接力第二、三接力区，接力方法也相同。

七、1200m–400m–800m–1600m 的长距离异程接力

起跑线和接力方法同 4×800m 接力。

《手册》第 43 页："通常，不建议在国际竞赛中使用的跑道上标记 4×200m 和异程接力线，除非这些项目在竞赛日程上。……测量员可以在每条分道线或突沿线上设置每棒起跑位置的永久标记线，以便技术官员在每次接力赛前临时准确地标记每棒的起跑位置。"

三至七接力跑项目比较少进行比赛，为了使本区域记号不要太复杂，画线时一般不画。可在相应跑道线上的点、位做记号，如需要进行本项目比赛，建议用可拆卸的布带按点、位临时安装布置。

第三节　跨栏跑栏架点、位前伸数的计算

一、男子 110m 栏和女子 100m 栏

这两个项目分别在主跑道直道上跑，各栏架点、位按《标准手册》的规定数据直接丈量。测量时，钢尺应从终点线向后拉出 100m，并拉紧，或从起跑线向终点线丈量。按表 3.15 数据在跑道上丈量做记号，然后从起点线倒过来复核丈量 1～2 次，最后确定栏间距离。

表 3.15　直道跨栏跑项目栏架丈量数据（单位：m，$r = 36.50$）

项目	第10栏	第9栏	第8栏	第7栏	第6栏	第5栏	第4栏	第3栏	第2栏	第1栏
100m栏（倒）	10.50	19.00	27.50	36.00	44.50	53.00	61.50	70.00	78.50	87.00
100m栏（顺）	89.50	81.00	72.50	64.00	55.50	47.00	38.50	30.00	21.50	13.00
110m栏（倒）	14.02	23.16	32.30	41.44	50.58	59.72	68.86	78.00	87.14	96.28
110m栏（顺）	95.98	86.84	77.70	68.56	59.42	50.28	41.14	32.00	22.86	13.72

二、男子、女子 400m 栏

第一栏：第 1 道距起跑线 45m，以此为基准点，其他各道单位前伸数等于第 1 道剩余的弯道长度乘以该道的单位前伸数值。

计算公式为 $C_n = [2\pi(r+0.3) - 45] \times M_n$，再计算放射线，由基准点向前放射丈量。

第二栏：第 1 道位于第二分界线后 $\pi(r+0.3) - 80 = 35.611\text{m}$ 处，以此为基准

点，其他各道单位前伸数等于第 1 道剩余的弯道长度乘以该道的单位前伸数值，即同 $4 \times 100m$ 接力第一接力区后沿，计算公式为 $C_n = [2\pi(r + 0.3) - 45 - 35] \times M_n$，再计算向射线，由基准点向前放射丈量。

第三栏：第 1 道距第二分界线距离 $= \pi(r + 0.3) - (45 + 35 + 35)$，再计算放射线，由②向后放射丈量。

第 2 道之后已进入第一直段，各道的单位前伸数 = 起跑线前伸数 − [该道一个弯道长 − (45 + 35 + 35)]，计算公式为 $C_n = 2\pi[(n - 1)d - 0.1] - \{\pi[r + (n - 1)d + 0.2] - 115\}$。

从第 2 道开始，各道以第二分界线向前垂直丈量单位前伸数。

第四栏：在第一直段上，从各道第三栏向前丈量 35m。

第五栏：第 1 道在第三分界线后 15m，第 2~4 道前伸数在第一直段上，从第三分界线向后垂直丈量 $15 - \pi[(n - 1)d - 0.1]$。第 5 道以后各道前伸数已进入第二弯道，以分界③点为基准点，单位前伸数等于该道一个弯道前伸数减 15m，计算公式为 $C_n = \pi[(n - 1)d - 0.1] - 15$，再计算放射线，由③向前放射丈量。

第六栏：第 1 道在第三分界线前 20m 弯道上，以此为基准点，第 1 道基准点剩余的弯道长度 $= \pi(r + 0.3) - 20$，其他各道单位前伸数值 M_n 可查表 2.2，计算公式为 $C_n = [\pi(r + 0.3) - 20] \times M_n$，再计算放射线，由基准点向前放射丈量。

第七栏：第 1 道在第六栏前 35m，以此为基准点，其他各道单位前伸数值 M_n 可查表 2.2，计算公式为 $C_n = [\pi(r + 0.3) - 20 - 35] \times M_n$，再计算放射线，由基准点向前放射丈量。

第八栏：第 1 道在第七栏前 35m，或在第四分界线后 25.611m，以此为基准点，其他各道单位前伸数值 M_n 可查表 2.2，计算公式为 $C_n = [\pi(r + 0.3) - 20 - 35] \times M_n$，再计算放射线，由基准点向前放射丈量。

第九栏、第十栏在第二直段上，从终点线向后分别垂直丈量 75m 和 40m，或从第四分界线向前垂直丈量 9.389m 和 44.389m。

400m 栏的栏架位置如表 3.16 和图 3.16 ~ 图 3.20 所示。

表 3.16　400m 栏栏架点、位、线数据（单位：m，$r = 36.50$）

道次	第一栏		第二栏		第三栏	
	放射线	测量角（O_1）	放射线	测量角（O_1）	放射线	测量角（O_1）
1	①↑41.904	109°56′14″	②↓33.958	55°26′38″	②↓ 0.606	0°57′2″
2	↑ 5.673	101°22′25″	↑ 4.663	48°29′24″	②↑ 2.908	
3	↑11.621	92°36′12″	↑ 9.555	41°22′4″	②↑ 6.741	
4	↑17.338	84°21′47″	↑14.279	34°40′35″	②↑10.573	各道从第②
5	↑22.819	76°36′23″	↑18.832	28°22′39″	②↑14.406	分界线向前
6	↑28.061	69°17′31″	↑23.218	22°26′16″	②↑18.239	垂直丈量
7	↑33.069	62°22′58″	↑27.442	16°49′38″	②↑22.072	
8	↑37.848	55°50′47″	↑31.507	11°31′10″	②↑25.904	
9	↑42.406	49°39′12″	↑35.421	6°29′25″	②↑29.737	

（续表）

道次	第五栏		第六栏		第七栏	
	放射线	测量角（O_2）	放射线	测量角（O_2）	放射线	测量角（O_2）
1	③↓15.000	各道从第③	③↑19.594	148°51′40″	六↑33.421	94°22′04″
2	③↓11.481	分界线向后	↑3.097	144°27′51″	↑2.179	91°34′50″
3	③↓7.649	垂直丈量	↑6.339	139°57′41″	↑4.441	88°43′33″
4	③↓3.816		↑9.489	135°43′50″	↑6.654	86°2′38″
5	③↑4.880	179°58′37″	↑12.552	131°44′53″	↑8.820	83°31′09″
6	③↑7.056	174°50′48″	↑15.531	127°59′33″	↑10.942	81°08′19″
7	③↑10.108	170°00′03″	↑18.430	124°26′43″	↑13.023	78°53′24″
8	③↑13.374	165°24′59″	↑21.252	121°5′22″	↑15.064	76°45′45″
9	③↑16.669	161°04′22″	↑24.003	117°54′35″	↑17.069	74°44′48″

道次	第八栏		第九栏	第十栏
	放射线	测量角（O_2）	距终点75m	距终点40m
1	④↓24.892	39°52′28″		
2	↑1.439	38°41′48″		
3	↑2.901	37°29′26″	各道从终点线向后垂直丈	各道从终点线向后垂直丈
4	↑4.349	36°21′26″	量75，或从第④分界线	量40，或从第④分界线
5	↑5.786	35°17′26″	向前垂直丈量9.389m	向前垂直丈量44.389m
6	↑7.211	34°17′04″		
7	↑8.625	33°20′04″		
8	↑10.030	32°26′08″		
9	↑11.426	31°35′01″		

表中第七栏第1道的"六"表示从第六栏第1道基准点向前放射丈量。表中第八栏第1道的"七"表示从第七栏第1道基准点向前放射丈量。第九、十栏在直道上，从终点向后丈量

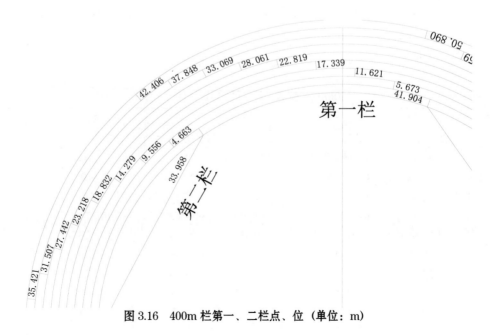

图3.16　400m栏第一、二栏点、位（单位：m）

48

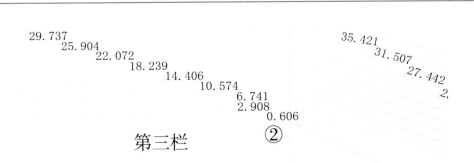

第三栏

②

图 3.17　400m 栏第三栏点、位（单位：m）

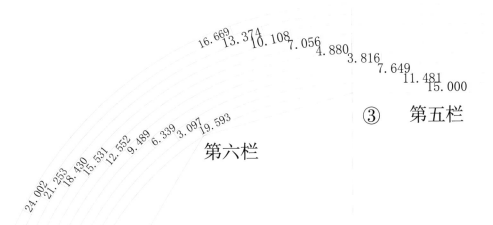

③　　第五栏

第六栏

图 3.18　400m 栏第五、六栏点、位（单位：m）

第八栏

第七栏

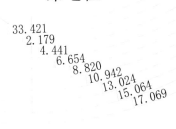

图 3.19　400m 栏第七、八栏点、位（单位：m）

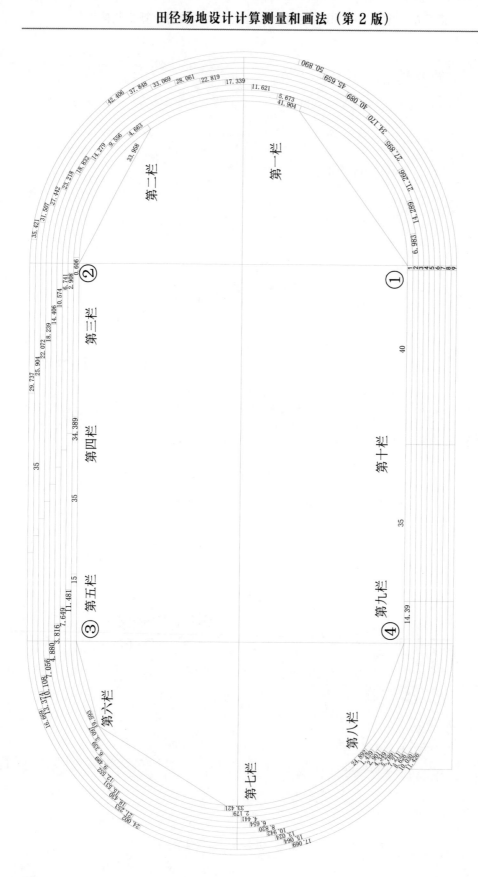

图 3.20　400m栏点、位示意（单位：m，*r*=36.50）

三、少年乙组男子、女子 300m 栏

(一) 起跑线

起跑线同 4×100m 接力第一接力区标志线。

(二) 栏架位置

300m 栏全程 8 个栏，第一栏同 400m 栏第三栏，第二至第八栏以后各栏位置同 400m 栏第四至第十栏。

四、少年男子、女子 200m 栏

(一) 起跑线

200m 栏起跑线同 200m。

(二) 栏架位置

第一栏：在第二弯道上。第 1 道距起点 16m，以此为基准点，向前丈量。其他各道单位前伸数等于第 1 道剩余的弯道长度乘以该道的单位前伸数值。

计算公式为 $C_n = [\pi(r+0.3) - 16] \times M_n$，再计算放射线，由基准点向前放射丈量。

第二栏：在第二弯道上。第 1 道距第一栏 19m，以此为基准点，向前丈量。其他各道单位前伸数等于第 1 道剩余的弯道长度乘以该道的单位前伸数值。

计算公式为 $C_n = [\pi(r+0.3) - (16+19)] \times M_n$，再计算放射线，由基准点向前放射丈量。

第三栏：在第二弯道上。第 1 道距第二栏 19m，以此为基准点，向前丈量。其他各道单位前伸数等于第 1 道剩余的弯道长度乘以该道的单位前伸数值。

计算公式为 $C_n = [\pi(r+0.3) - (16+2\times19)] \times M_n$，再计算放射线，由基准点向前放射丈量。

第四栏：在第二弯道上。第 1 道距第三栏 19m，以此为基准点，向前丈量。其他各道单位前伸数等于第 1 道剩余的弯道长度乘以该道的单位前伸数值。

计算公式为 $C_n = [\pi(r+0.3) - (16+3\times19)] \times M_n$，再计算放射线，由基准点向前放射丈量。

第五栏：在第二弯道上。

各道距第四直、曲分界线 $\pi(r+0.3) - (16+4\times19)\text{m} = 23.611\text{m}$，再计算放射线。以④向后放射丈量。

第六栏：在第二弯道上。

各道距第四直、曲分界线 $\pi\,(r+0.3)-(16+5\times19)$m $=4.611$m，再计算放射线。以④向后放射丈量。

第七栏：在第二直段上。

各道距第四直、曲分界线 $19-\pi(r+0.3)-(16+5\times19)$m $=14.389$m。

第八、九、十栏在第二直段上，分别距上一个栏 19m，第十栏距终点 13m。

200m 栏的栏架位置如表 3.17 和图 3.21 所示。

表 3.17　200m 栏的栏架点、位数据（单位：m，$r=36.50$）

道次	第一栏		第二栏		第三栏	
	放射线	测量角（O_2）	放射线	测量角（O_2）	放射线	测量角（O_2）
1	③↑15.745	155°05′20″	一↑18.636	125°30′24″	二↑18.636	95°55′29″
2	↑ 3.207	150°30′29″	↑ 2.692	121°47′59″	↑ 2.203	93°05′29″
3	↑ 6.565	145°49′00″	↑ 5.504	118°00′12″	↑ 4.492	90°11′23″
4	↑ 9.826	141°24′32″	↑ 8.243	114°26′11″	↑ 6.731	87°27′49″
5	↑12.996	137°15′36″	↑10.913	111°04′43″	↑ 8.921	84°53′50″
6	↑16.076	133°20′51″	↑13.516	107°54′44″	↑11.067	82°28′38″
7	↑19.071	129°39′06″	↑16.057	104°55′18″	↑13.169	80°11′29″
8	↑21.985	126°09′19″	↑18.539	102°05′32″	↑15.232	78°01′44″
9	↑24.822	122°50′33″	↑20.964	99°24′41″	↑17.257	75°58′48″

道次	第四栏		第五栏		第六栏	
	放射线	测量角（O_2）	放射线	测量角（O_2）	放射线	测量角（O_2）
1	三↑18.636	66°20′33″	④↓23.019	36°45′38″	④↓ 4.570	7°10′43″
2	↑ 1.760	64°22′59″	④↓22.764	35°40′29″	④↓ 4.671	6°57′59″
3	↑ 3.572	62°22′35″	④↓22.531	34°33′46″	④↓ 5.065	6°44′58″
4	↑ 5.355	60°29′27″	④↓22.381	33°31′05″	④↓ 5.701	6°32′43″
5	↑ 7.109	58°42′57″	④↓22.313	32°32′05″	④↓ 6.509	6°21′12″
6	↑ 8.837	57°02′32″	④↓22.327	31°36′26″	④↓ 7.432	6°10′20″
7	↑10.540	55°27′41″	④↓22.423	30°43′52″	④↓ 8.433	6°00′04″
8	↑12.221	53°57′57″	④↓22.597	29°54′09″	④↓ 9.486	5°50′21″
9	↑13.880	52°32′55″	④↓22.848	29°07′02″	④↓10.577	5°41′09″

表中各栏位第 1 道放射线下面一、二、三，表示第一、二、三栏；第七栏在第二直段，距第④分界线 14.389；第八、九、十栏在第二直段上，距上一个栏 19，第十栏距终点 13

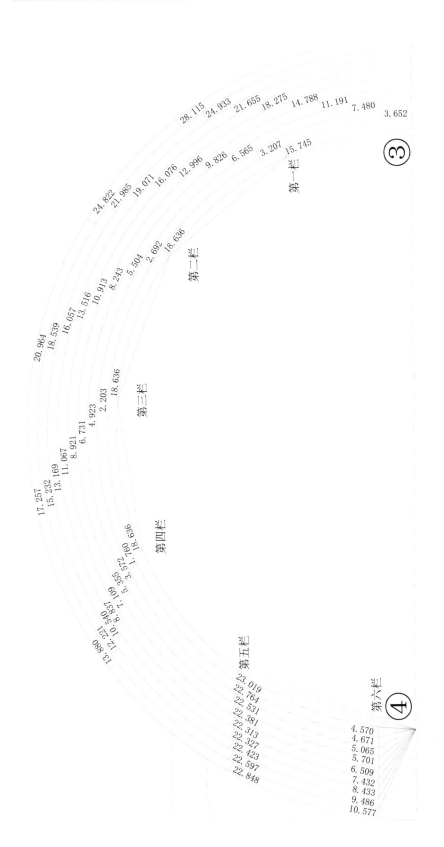

图 3.21　200m 栏点、位示意（单位：m，$r=36.50$）

第四节 径赛不分道项目的起跑线及抢道线

一、径赛不分道项目的起跑线及抢道线的画法

过去的田径竞赛规则、裁判法和有关书籍、教材等都将径赛不分道项目的起跑线和抢道线画成一个等半径的圆弧。长期以来，由于这种画法的误差不是很大，故未引起业内专家的特别重视。笔者在田径场地竣工验收时发现，部分塑胶跑道的施工企业也是用这一方法画成等半径的圆弧。数学理论证明，这种画法是不准确的。例如，3000m 障碍跑起跑线，按等半径画弧画成的起跑线，第 8 道的运动员要比第 1 道的运动员约少跑 0.15m。差距虽然不大，却也违背了公平竞争的原则。

国际田联《标准手册》第 32 页指出"对于所有起跑线，直道的、前伸的和弧线形的，其基本要求是：每一名运动员所允许选取的最短路线距离是一致的，且不得少于规定距离，即不允许负偏差。"为此，笔者认为不应该用等半径画弧的画线方法画不分道起跑线和抢道线。

根据数学理论，不分道项目起跑线和抢道线，应采用渐开弧线画法。这点在实践中已得到充分证明。实践中不分道起跑线和抢道线都是渐开弧线，渐开弧线与各跑道线都有一交点。根据渐开弧线原理，通过数学方法列参数方程，计算求得渐开弧线与各跑道线之间的交点的坐标，将所求的点依次连接，就可画出所要得出的渐开弧线，形成不分道起跑线或抢道线。

二、径赛不分道项目的起跑线及抢道线的类型

径赛不分道项目的起跑线及抢道线类型依第 1 道起点的位置，可分为三种类型。

（一）第一种类型：800m 跑抢道线

第 1 道起点在直段上的不分道项目的起跑线、抢道线，通常有 2000m 障碍跑、3000m 障碍跑起跑线和 800m 跑的抢道线。

以半径为 36.50m、跑道宽 1.22m 场地的 800m 跑抢道线为例进行分析。

如图 3.22 所示，假设 $\overparen{AB}$ 是 800m 抢道线，根据竞赛原则，其几何意义是从 B 点到基圆 $\odot O$ 最短距离的切线 BD 长，应该等于第 1 道直段 $AC+\overparen{DC}$ 长。$\overparen{AB}$ 就是我们所要求的抢道线。抢道线与各道实跑线交点至第二分界线的距离，通常也称"切入差"。

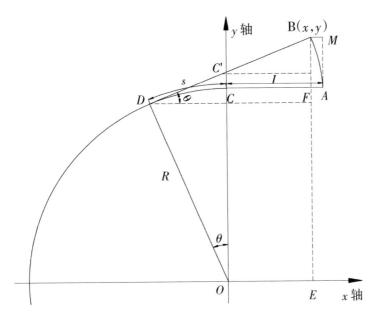

图 3.22 抢道线示意

以半径为 $R = 36.80\text{m}$ 的基圆圆心 O 为原点，建立坐标系。设 A 点为 800m 抢道线的第 1 道抢道点，C 点为从直道进入弯道的切入点。设 $AC = l$，$\overset{\frown}{DC} = s$，B 点 (x, y) 为 800m 抢道线的第 n 道抢道点，过 B 做基圆的切线 BD，切点为 D，则 $BD = AC + \overset{\frown}{DC} = l + s$，$OD$ 与 y 轴的夹角为 θ（弧度）。在 BD 上找一点 C'，使 $BC' = AC = l$，$DC' = \overset{\frown}{DC} = S = R \times \theta$。

列出 B 点坐标关于 θ 的参数方程（Ⅰ）：

$$\begin{cases} x = (l + R \cdot \theta) \cdot \cos\theta - R \cdot \sin\theta & (1) \\ y = (l + R \cdot \theta) \cdot \sin\theta + R \cdot \cos\theta & (2) \end{cases} \quad (\text{Ⅰ})$$

第 n 道起点 B 的 y 坐标由图 3.22 可知，

$$y = EF + BF = R + (n - 1) \times 1.22 \qquad (3)$$

设计算出的 $y = k$，将其代入式（2），得到：

$$(l + R \cdot \theta) \cdot \sin\theta + R \cdot \cos\theta - K = 0 \qquad (4)$$

式（4）是一个非线性方程，求解非线性方程不能用直接法，而要用迭代法，本文应用牛顿迭代法求解式（4），求得角 θ（弧度）。因计算过程较为复杂，本文通过 C++ 语言编制程序，利用计算机进行计算，结果如表 3.18 所示。

表 3.18 800m 跑切入差 *BM* 和垂直丈量数据（单位：m）

道次	$r=36.00$		$r=36.50$		$r=37.898$	
	BM	垂直丈量	*BM*	垂直丈量	*BM*	垂直丈量
1	0	0	0	0	0	0
2	0.007286	0	0.007418	0	0.007820	0
3	0.031746	0.026549	0.032319	0.027039	0.034072	0.028507
4	0.073350	0.065335	0.074668	0.066534	0.078696	0.070126
5	0.132024	0.121197	0.134385	0.123409	0.141596	0.130036
6	0.207704	0.194068	0.211401	0.197595	0.222687	0.208150
7	0.300337	0.283894	0.305659	0.289030	0.321899	0.304396
8	0.409879	0.390631	0.417112	0.397669	0.439174	0.418713
9	0.536300	0.514244	0.545726	0.523473	0.574468	0.551055

本书计算的切入差 *BM* 数据，与 800m、4×200m、4×400m 接力各起跑线前伸数和 4×400m、4×400m 接力区及异程接力起跑线和接力区等有一定关系，在测画抢道线时应在第二分界线前的各跑道线右侧 0.20m 处，向前丈量 *BM* 长，然后顺次连接 B_2B_3、B_3B_4、$\cdots$、B_6B_n，即可画出所求的抢道线 $\overset{\frown}{AB}$（图 3.23）。从第 2 道跑道线外 0.20m 处开始起弧。

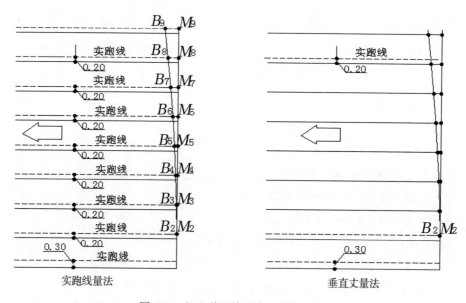

图 3.23 切入差画法示意（单位：m）

为了方便测画，应用上述程序计算，求出垂直丈量法数据（表 3.18），便可在跑道线上直接丈量，然后顺次连接各点，也可画出所求的抢道线 $\overset{\frown}{AB}$（图 3.23）。从第 2 道跑道线外 0.20m 处开始起弧。抢道线是 0.05m 宽的绿线。

（二）第二种类型：10000m 起跑线

第 1 道起点在基圆上不分道项目的起跑线，通常有 1000m、3000m、5000m 和 10000m。

以 10000m 起跑线测画进行分析：

如图 3.24 所示，当 A 点在基圆上时，也就是 A 点向前移动与 C 点重合时（图 3.22），那么这一条起跑线就是以 ⊙O 为基圆的渐开线。

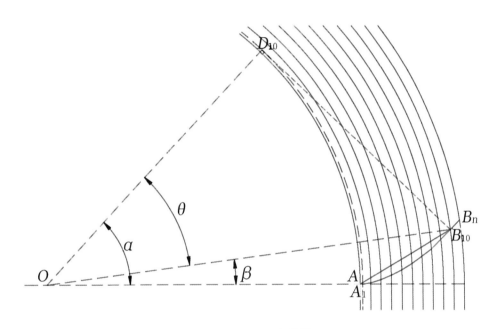

图 3.24　10000m 起跑线

其几何意义是：假设曲线 AB 是以 ⊙O 为基圆的渐开线，B 是曲线 AB 上的一点，BD 切 ⊙O 于 D，那么 $BD = \overset{\frown}{A_1D}$。B 点坐标关于 θ 的参数方程为：

$$\begin{cases} x = R \cdot \theta \cdot \cos\theta - R \cdot \sin\theta \\ y = R \cdot \theta \cdot \sin\theta + R \cdot \cos\theta \end{cases} \qquad (\text{Ⅱ})$$

B 点位于半径为 R_n（第 n 道跑道）的圆弧上，将参数方程 Ⅱ 的 x、y 代入以 ⊙O 为圆心、R_n 为半径的圆的方程 $x^2 + y^2 = R_n^2$，求得角 θ（弧度）和 θ（角度），因为 BD 长可通过直角 △BOD 求得。

$$BD = R \cdot tg\theta, \quad \angle\alpha = \frac{360°}{2\pi R} \times \overset{\frown}{A_1D} = \frac{360°}{2\pi R} \times BD。$$

则 $\beta = \alpha - \theta$。β 就是 BO 与 OA 的夹角，OA 是已知的，那么 B 点通过测量就可求得。

还可通过直角 △BOD 中已知 OD、OB 长，通过 $\frac{OD}{OB} = \cos\theta$，求得 θ。

$\because BD = \overset{\frown}{A_1D}$，通过 $\overset{\frown}{A_1D}$ 便可求得 α，

$\therefore \beta = \alpha - \theta$。于是便求得 β。此法计算更简便些。

计算求得 β，根据余弦定理可求得放射线长 $AB_n = \sqrt{R_n^2 + r^2 - 2 \cdot R_n \cdot r \cdot \cos\beta}$，测量角 $= 180° - \beta$。

现根据上述方法，用计算机计算 10000m 起跑线测量数据，如表 3.19 所示。

表 3.19　10000m 起跑线测量数据（单位：m）

道次	$r=36.00$		$r=36.50$		$r=37.898$	
	测量角 β	放射线	测量角 β	放射线	测量角 β	放射线
1	180°00′00″	0	180°00′00″	0	180°00′00″	0
2	179°47′04″	1.22774	179°47′19″	1.22764	179°48′01″	1.22736
3	179°14′47″	2.48856	179°15′42″	2.48791	179°18′04″	2.48618
4	178°32′18″	3.78480	178°34′03″	3.78313	178°38′36″	3.77870
5	177°42′20″	5.11604	177°45′03″	5.11290	177°52′08″	5.10456
6	176°46′26″	6.48182	176°50′12″	6.47677	177°00′07″	6.46333
7	175°45′35″	7.88164	175°50′29″	7.87424	176°03′26″	7.85457
8	174°40′32″	9.31498	174°46′40″	9.30483	175°02′47″	9.27782
9	173°31′51″	10.78130	173°39′14″	10.76800	173°58′42″	10.73260

第二组起跑线测量数据

道次	$r=36.00$		$r=36.50$		$r=37.898$	
	测量角 β	放射线	测量角 β	放射线	测量角 β	放射线
5	158°52′17″	14.88910	159°07′22″	14.90420	159°47′22″	14.94790
6	158°39′45″	1.22935	158°55′03″	1.22924	159°35′39″	1.22894
7	158°12′00″	2.48935	158°27′48″	2.48876	159°09′41″	2.48719
8	157°35′54″	3.78081	157°52′20″	3.77938	158°35′53″	3.77555
9	156°53′35″	5.10337	157°10′45″	5.10073	157°56′13″	5.09367

1000m、3000m、5000m 起跑线画法同 10000m，它们应该在第三分界线前的第二弯道上。

（三）第三种类型：1500m 起跑线

1500m 起跑线是在直段的向后延长线上，它的计算和测画包含参数方程 I 、II 。仍以半径 36.50m 标准田径场 1500m 起跑线 $\overset{\frown}{BE}$ 画法进行分析（图 3.25）。

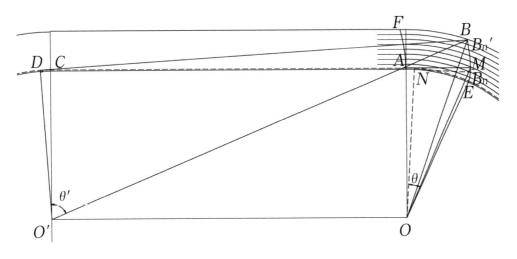

图 3.25 1500m 起跑线

设 C 是以 ⊙O' 为基圆并与直段 CA 的交点，A 为 ⊙O 为基圆并与直段的交点，M 为 CA 延长线并与 $\overset{\frown}{BE}$ 的交点，且 $CM=100$m，$OO'=CA=84.39$m。

由于 1500m 起跑线（渐开弧线 $\overset{\frown}{BE}$）是在第二曲、直交界线后的弯道上，它与弯道上各跑道线的交点是以 M 点为界，在跑进方向左侧的渐开弧线 $\overset{\frown}{ME}$ 用参数方程 II ，在跑进方向右侧的渐开弧线 $\overset{\frown}{BE}$ 用参数方程 I 。因此应先判断 M 点在第几道上。通过计算：

$OA=36.80$m，$AM=CM-CA=100-84.389=15.611$m，$OM^2=AM^2+OA^2$，求出 $OM=39.974$m，第 3 道半径 $=38.94$m，第 4 道半径 $=40.16$m，38.94m$<(OM=39.974$m$)<40.16$m，由此推定 M 点在第 3 跑道上。

另计算推定：当 $R=36$m 时，M 点在第 3 道上；当 $R=37.898$m 时，M 点在第 6 道上。

如图 3.26 所示，第 1~3 跑道线与起跑线（渐开线 $\overset{\frown}{ME}$）交点 B_n，B_n 到 ⊙O 的切点为 N，令 $\angle NOB_n=\theta$，$\angle B_nOE=\beta$，用参数方程 II 计算求得 θ，$NB_n=R\cdot\mathrm{tg}\theta$。

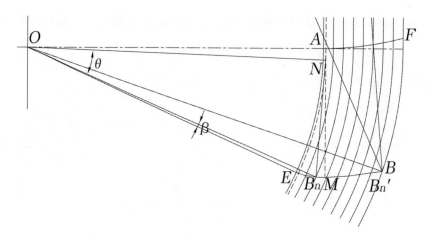

图 3.26　1500m 起跑线示意

$\because \theta = \dfrac{360°}{2\pi R} \times NB_n$，$\therefore \beta = \angle NOE - \theta$

求得 β，则测量角 $\angle AOB_n = \angle AOM + \beta$。

求得 $\angle AOB_n$，根据余弦定理可求得放射线长 $AB_n = \sqrt{R_n^2 + r^2 - 2 \cdot R_n \cdot r \cdot \cos \angle AOB_n}$。

第 4~n 道跑道线与渐开线 $\overset{\frown}{MB}$ 交点 B_n 是关于基圆 $\odot O'$，用参数方程 I 计算，求 θ'。

设场地直段长 $l=100$m，两圆心距离为 84.389m，第 n 道半径为 R_n，

4~n 道各跑道线圆的轨迹为　$(x-m)^2 + y^2 = R_n^2$ (5)

将式（1）（2）代入式（5）得到式（6），

$2Rl\theta' + R^2\theta'^2 - 2ml\cos\theta' - 2Rm\cos\theta' + 2Rm\sin\theta' + (l^2 + R^2 + m^2 - R_n^2) = 0$ (6)

应用迭代法和 C++ 语言编制程序计算式（6），求得 $\angle\theta'$ 代入参数方程 I，得到 $B'_n\ (x,\ y)$ 点坐标。

则测量角 $\angle AOB'_n = \text{arctg}\left(\dfrac{x}{y}\right)$。

计算结果如表 3.20 所示。

表 3.20 1500m 起跑线测量数据（单位：m）

道次	r=36.00		r=36.50		r=37.898	
	测量角	放射线	测量角	放射线	测量角	放射线
1	22°09′37″	13.83716	24°18′18″	15.36752	30°00′00″	19.61949
2	21°56′42″	13.98783	24°05′38″	15.53650	29°48′01″	19.84063
3	21°24′25″	14.03176	23°33′59″	15.58966	29°18′04″	19.93008
4	20°43′40″	14.07934	22°52′22″	15.61787	28°38′38″	19.97416
5	20°03′14″	14.22218	22°08′42″	15.70504	27°52′10″	19.99902
6	19°23′50″	14.46599	21°26′13″	15.88547	27°01′49″	20.03690
7	18°45′22″	14.80601	20°44′50″	16.15619	26°12′42″	20.14971
8	18°07′47″	15.23604	20°04′27″	16.51295	25°24′57″	20.33664
9	17°30′59″	15.74897	19°25′00″	16.95052	24°35′26″	20.59573

第五节 障碍跑的起跑线和水池及栏架点、位的计算

3000m 障碍跑的水池有在弯道内和弯道外两种场地。《标准手册》规定，如水池设在弯道内，障碍赛跑场地一圈约 396.084m；如水池设在弯道外，障碍赛跑场地一圈约 419.407m。

一、水池在弯道内的 3000m 障碍跑距离的计算

图 3.27 为 3000m 障碍跑的水池在弯道内和水池位置与过渡跑道设置情况。

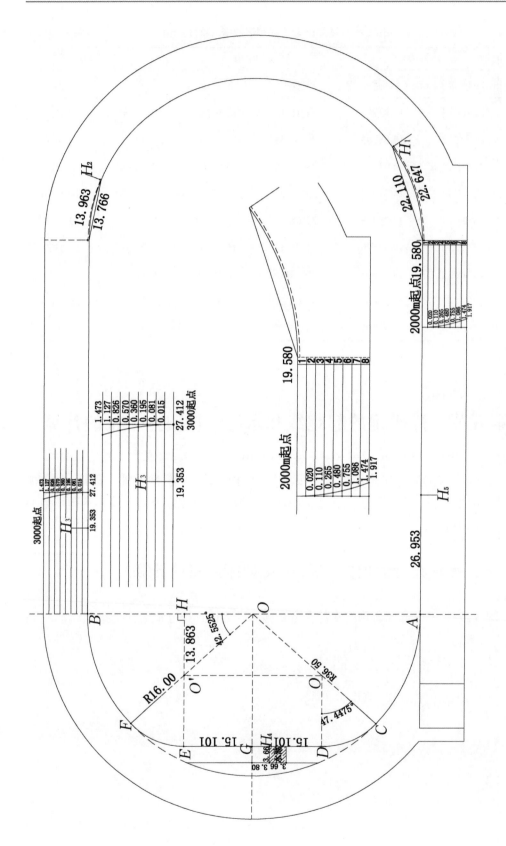

图 3.27 水池在弯道内的 3000m、2000m 障碍跑起点和栏架位置（单位：m，$r=36.50$）

（一）计算过渡跑道实跑线距离

水池、过渡跑道设置如图 3.28 所示。

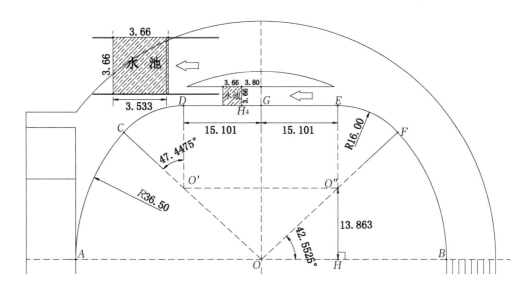

图 3.28 水池、过渡跑道设置（单位：m）

已知：$O''H = 13.863$m，$OH = GE = GD = 15.101$m，$\angle FOB = 42.5255°$，$O'C = O''F = r = 16.00$m，$\angle FO''E = 47.4475°$，$OB = OA = OF = OC = R = 36.50$m。

$\because$ 从 $\overset{\frown}{DC}$、直段 DE 到 $\overset{\frown}{EF}$ 这一过渡段不设道牙（突沿）

$\therefore \overset{\frown}{DC} = \dfrac{2\pi（16.00 + 0.2）\times 47.4475°}{360°} = 13.41546457$m ≈ 13.415m

$\because \overset{\frown}{AC}$ 和 $\overset{\frown}{FB}$ 有设道牙（突沿）

$\therefore \overset{\frown}{AC} = \overset{\frown}{FB} = \dfrac{2\pi（36.50 + 0.3）\times 42.5525°}{360°} = 27.33066926$m ≈ 27.331m

过渡段全长 $= 2 \times（13.415 + 15.101 + 27.331）= 111.694$m。

（二）水池在弯道内障碍跑距离的计算

另一半弧长 $= \pi（36.50 + 0.3）= 115.610$m，

两直段长 $= 2 \times 84.39 = 168.78$m，

一圈跑道实跑线距离 $= 115.610 + 168.78 + 111.694 = 396.084$m。

（三）障碍栏架的设置和起跑线的位置

1. 每一圈栏架5个（4个栏架+1个障碍水池栏架）

2000m障碍跑的第一圈不使用第一个和第二个栏架。

2. 每次障碍跑的栏架总数

3000m障碍跑共跑7圈，连同水池前栏架共要越过35架次。
2000m障碍跑共跑5圈，连同水池前栏架共要越过23架次。

3. 起跑线位置

3000m障碍跑共跑7圈，每圈396.084m，共计396.084×7=2772.588m，

3000m障碍跑全程=2772.588+200+27.412=3000m。

起跑线位置在第三分界线后27.412m处，它是一条渐开弧线，经编程序计算，它与各分道交点的坐标垂直丈量法，如图3.29所示。

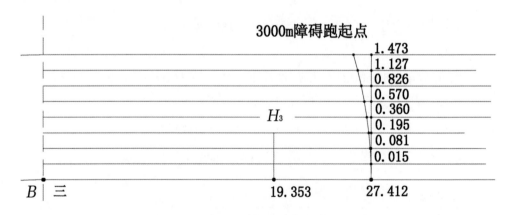

图3.29　3000m障碍跑起跑线和第三栏H_3位（单位：m）

2000m障碍跑共跑5圈，每圈396.084m，共计396.084×5=1980.42m，

2000m障碍跑全程=1980.42+19.58=2000m。

起跑线位置在第一分界线后19.58m处，它是一条渐开弧线，经编程序计算，它与各分道交点的坐标垂直丈量法，如图3.30所示。

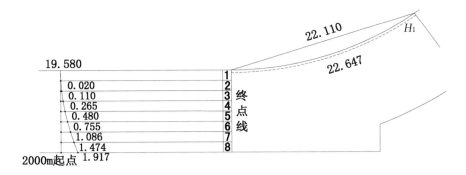

图 3.30 2000m 障碍跑起跑线和第一栏 H_1 位（单位：m）

4. 栏架距离及放置

栏间距离计算：396.084m ÷ 5 = 79.2168m。

距离选择：4 × 79.00m + 80.094m - 316.00m + 80.094m = 396.084m。

第一栏：在实跑线上沿跑进方向在终点线前 22.647m 处，直线距离为 22.110m。

第二栏：沿跑进方向在终点线前 101.647m，或在第二分界线后 13.963m 处，直线距离为 13.766m。

第三栏：在第三分界线后 19.353m 处。

第四栏：在水池前。

第五栏：在第四分界线前 26.953m 处。

(四) 水池位置的测量

3000m 障碍跑水池位置的测量方法很多，现以场地轴线为依据，用纵横坐标法测量，用圆心角的方法复测举例说明，如图 3.31 所示，内设障碍水池。

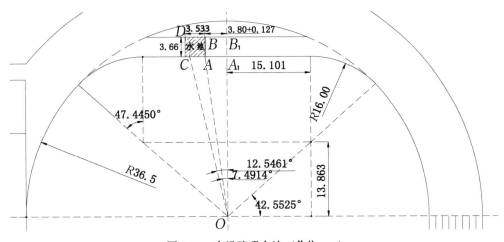

图 3.31 内设障碍水池（单位：m）

以田径场地的纵轴线为基准线，自圆心 O 在轴线上量直线距离 $OA_1 = 13.863\text{m} + 16\text{m} = 29.863\text{m}$ 及 $OB_1 = 29.863\text{m} + 3.66\text{m} = 33.523\text{m}$，得 A_1 点 B_1 点。水池后沿距纵轴3.80m，水池边的栏架宽 0.127m。各取垂直 OA_1 及 OB_1 方向量取 $A_1A = 3.80\text{m} + 0.127\text{m} = 3.927\text{m}$ 及 $B_1B = 3.80\text{m} + 0.127\text{m} = 3.927\text{m}$ 得障碍池 A、B 两点；同样量取 $AC = 3.533\text{m}$ 及 $BD = 3.533\text{m}$，得障碍池 C、D 两点。

以上距离尺寸，均以设计图纸为依据。要保证障碍池的准确，还应采取复测校核，复测的方法可采取圆心角法：选用经纬仪。将仪器安放在 O 圆心上，正镜对准场中心点 O，倒镜、转角 $\angle A_1OA$ 在视线上得 A 点。

$\because \dfrac{A_1A}{A_1O} = \text{tg}\angle A_1OA$，即 $\angle A_1OA = 7°29'29''$ 为正确

同法倒镜，转角 $\angle DOB_1$ 在视线上得 D 点；

$\because \dfrac{DB_1}{OB_1} = \text{tg}\angle DOB_1$

即 $\angle DOB_1 = 12°32'45''$ 为正确。这样证明放线正确无误。

（五）检查水池建造实际位置

如果水池建好了，应检查水池位置正确与否。以水池在弯道内为例，如图 3.32 所示。

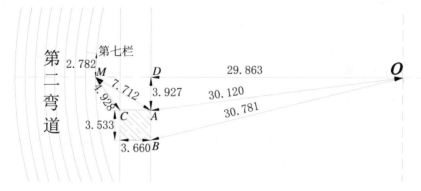

图 3.32　3000m 障碍跑水池丈量（单位：m）

先从水池内侧后角 A 点向前量 3.533m 至水池前端 B 点，再量 $OA = 30.120\text{m}$，$OB = 30.781\text{m}$，如相符，则水池位置基本准确；如有偏差，就要核对纵轴 $OD = 29.863\text{m}$ 和 $AD = 3.927\text{m}$。此外，还可以从 400m 栏第 1 道第 7 栏点、位向前放射丈量 2.782m 得 M 点（此为半圆中点），再丈量水池后端角 A、C 点，使 $MA = 7.712\text{m}$，$MC = 4.928\text{m}$，如相符，则水池位置基本准确。如数据都不对，说明水池建造有偏差，就必须重新计算过渡跑道的长度，调整起跑线和栏架位置。

二、水池在弯道外的 3000m 障碍跑距离的计算

水池在弯道外 3000m 障碍跑场地设置，如图 3.33 所示。

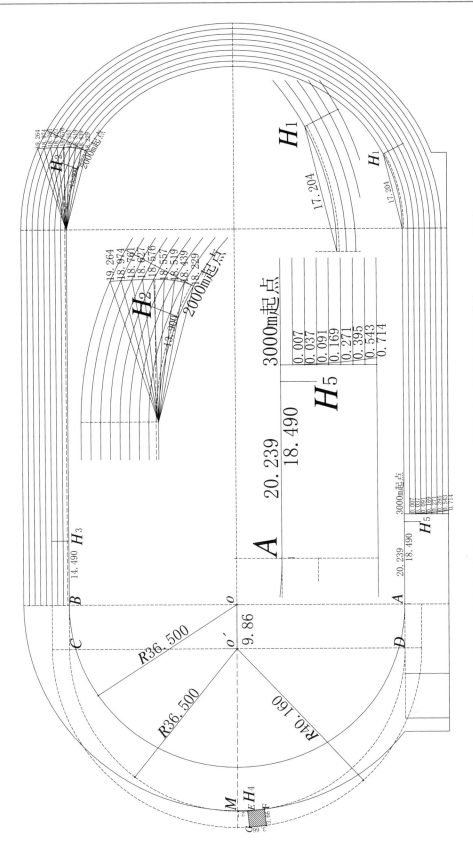

图 3.33　水池在弯道外的 3000m、2000m 障碍跑起点和栏架位置（单位：m，$r=36.50$）

（一）计算过渡跑道实跑线距离

水池、过渡跑道设置，如图 3.34 所示。

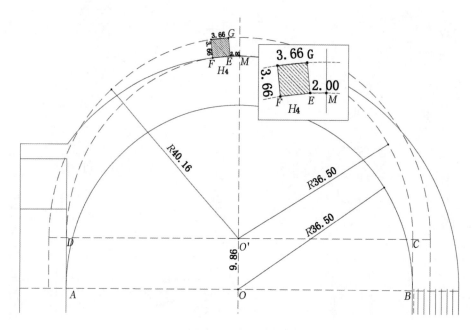

图 3.34　水池、过渡跑道设置（单位：m）

∵ 从 $\overset{\frown}{DMC}$、直段 AD 和 CB 这一段过渡段不设道牙（突沿）

∴ $\overset{\frown}{DMC}$ = π（36.50 + 0.3）= 115.2964504m ≈ 115.297m

∵ OO' = AD = CB = 9.86m，过渡段全长 = 2 × 9.86 + 115.297 = 135.017m

另一半圆长 = π × （36.50 + 0.3）= 115.610m，

两直段长 = 2 × 84.39m = 168.78m，

一圈跑道实跑线距离 = 115.610 + 168.78 + 135.017 = 419.407m。

（二）水池位置的测量

水池位置的测量（图 3.33）。水池后沿 E 距纵轴 M 即 EM = 2 + 0.127 = 2.127m，水池长 EF = 3.66 − 0.127 = 3.533m，水池宽 EG = 3.66m。水池 EF 边紧贴过渡跑道线（水池在线外）。

（三）障碍栏架的设置和起跑线的位置

1. 每一圈 5 个（4 个栏架+1 个障碍水池栏）

2000m 的第一圈只使用 3 个栏架，不使用第一个和第二个栏架。

2. 每次障碍栏架的总数

3000m 为 35 架次（28 次栏 + 7 次水池栏）。
2000m 为 23 架次（18 次栏 + 5 次水池栏）。

3. 起跑线位置

（1）3000m 障碍跑共跑 7 圈，每圈 419.407m，共计 419.407 × 7 = 2935.849m，3000m 障碍赛跑全程 = 2935.849m + 64.151m。

起跑线位置在距第 分界线后 64.151m 处，或第四分界线前 20.239m 处。它是一条渐开弧线，经编制程序计算，它与各分道交点的坐标垂直丈量法，如图 3.35 所示。

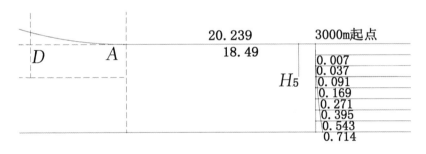

图 3.35 3000m 障碍跑起跑线画法（单位：

（2）2000m 障碍跑共跑 4 圈，每圈 419.407m，共计 419.407 × 4 = 1677.628m。

2000m 障碍赛跑全程 = 1677.628m + 322.372m，在跑第 1 个完整圈前要先跑过无第一和第二栏架的 322.372m。

2000m 障碍赛跑起跑线位置在距第二分界线后弯道 18.575m 处，它是一条渐开弧线（图 3.36）。画法同 1500m 起跑线，分成两部分，以直段 84.389m + 18.575m 延伸线为界，按跑进方向说，左侧前四道按 10000m 起跑线画法画，从第 5 道起按 800m 起跑线画法画。起跑线、放射线丈量数据如图 3.36 所示。

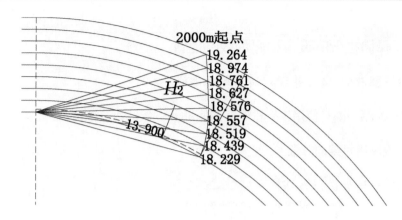

图 3.36　2000m 障碍起跑线画法（单位：m）

4. 栏架距离及放置

栏间距离计算：419.407 ÷ 5 = 83.814m。

距离选择：4 × 84.00 = 336.00m+83.407m = 419.407m。

第一栏：在实跑线上沿跑进方向在终点线前 17.510m 处。

第二栏：沿跑进方向在终点线前 101.510m，或在第二分界线后 14.100m 处，直线距离 13.900m。

第三栏：在第三分界线后 14.490m 处。

第四栏：在水池前。

第五栏：在第四分界线前 18.490m 处。

三、实际测量水池位置及调整起跑线和栏架点、位、线的方法

以上是《标准手册》的理论规定。由于水池施工建造时不可避免地会产生某些偏差，因此在画障碍跑起跑线和栏架位置时，应根据建好的水池实际位置再次进行测量，调整起跑线和栏架的点、位、线。然而，这一现象还未引起业内重视，有时只因水池偏离一点点，计算结果就会使起点和栏架的位置产生很大的变化，笔者在验收时就发现过此类问题。因此，必须根据建好的水池的实际位置再次进行测量，调整起跑线和栏架的点、位、线，这非常重要。

下面举例说明水池施工建造时产生某些偏差，如何调整点、位、线。

某场地水池竣工后重新测量其位置：水池内侧边沿离中心 O 点的垂直距离 29.920m，水池后壁离纵轴线 4.07m（图 3.37）。计算障碍跑道周长、起跑线位置和栏架位置。

（一）障碍跑道周长及起点位置

修改后 3000m 障碍跑的过渡跑道，如图 3.37 所示。

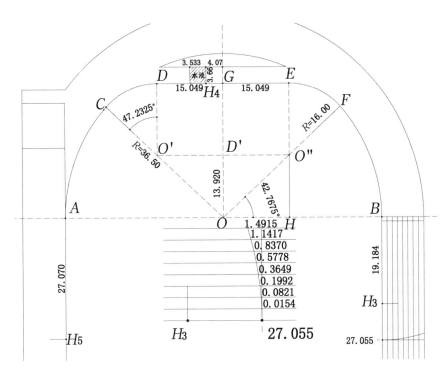

图 3.37　修改后 3000m 障碍跑的过渡跑道（单位：m）

测量水池内侧离中心 O 点的垂直距离 $OG = 29.920$m。

过渡段 CD 弧的半径 $O'D = 16.00$m，则 $O'D = 29.920$m $- 16.00$m $= 13.920$m，$O'O = 36.50$m $- 16.00$m $= 20.50$m，$DG = GE = O'D' = \sqrt{20.50^2 - 13.920^2} = 15.049$m。

$\because \angle CO'D = \angle O'OD'$，$\cos \angle O'OD' = 13.92 / 20.50$，$\angle O'OD' = 47.2325°$

$\therefore \angle CO'D = 47.2325°$，$\angle AOC = 90° - 47.2325° = 42.7675°$

$\overset{\frown}{DC} = \pi\,(16.00 + 0.20) \times \dfrac{47.2325°}{180°} = 13.355$m

$\overset{\frown}{AC} = \pi\,(36.50 + 0.30) \times \dfrac{42.7675°}{180°} = 27.469$m

过渡段半圆长 $= 2 \times (27.469\text{m} + 13.355\text{m} + 15.049\text{m}) = 111.746$m。

原跑道半圆和两直段长 $= 200.00$m $+ 84.389$m $= 284.389$m。

现障碍跑道周长 $= 284.389$m $+ 111.746$m $= 396.135$m（比原设计 396.084m 多了 0.051m）。

3000m 障碍应跑 7 圈，起点 = 3000m − 7 × 396.135m − 200m = 27.055m。

起点在第三分界线后 27.055m（比原设计 27.412m 少了 0.357m）。

（二）栏架位置

第四栏：测量水池后壁离纵轴线 4.07m，栏架木宽是 0.127m，则水池边栏架（第四栏）距纵轴线 = 4.07m − 0.127m = 3.943m。

第三栏：1 / 2 过渡跑道 =111.746m / 2 = 55.873m，第三栏距第三分界线 = 79m − 55.87m − 3.943m = 19.184m。

第五栏距第四分界线 = 79m − 55.873m + 3.943m = 27.070m。

第二栏距第二分界线 = 79m −（84.389m − 19.184m）= 13.795m。

第一栏距第一分界线 = 115.611m − 13.795m − 79m = 22.816m。

本例是障碍水池在弯道内的，障碍水池在弯道外的也必须依水池建好后的位置先进行测量，如与设计位置有偏差，就应按水池的实际位置调整起跑线和栏架点、位、线。

修改后 3000m 障碍跑栏架点、位如图 3.38 所示。

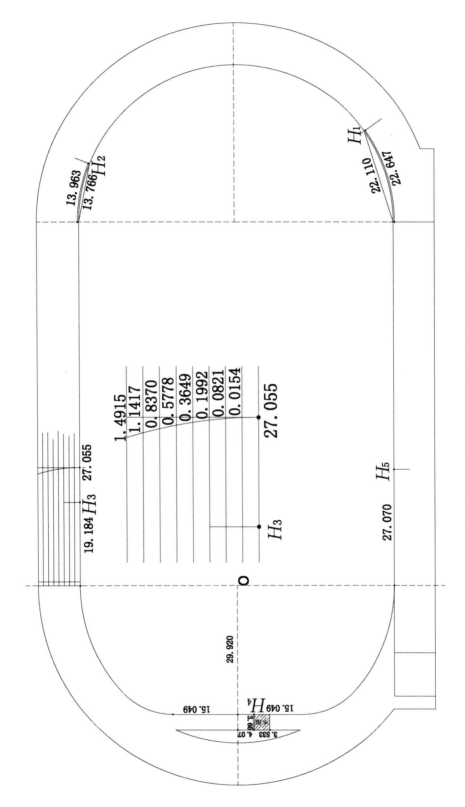

图 3.38　修改后 3000m 障碍跑跑栏架点、位 (单位: m, *r*＝36.50)

第四章 半径 36.00m 跑道弯道上点、位、线的计算及数据

第一节 弯道上径赛项目起跑线点、位、线的计算

弯道上起跑的项目有 200m、400m、800m 跑，起跑线数据如表 4.1 所示。

表 4.1 弯道上起跑项目各点、位、线数据（单位：m，r=36.00）

道次	200m 起跑线		400m 起跑线		800m 起跑线	
	放射线	测量角（O_2）	放射线	测量角（O_1）	放射线	测量角（O_1）
1	0	180°00′00″	0	180°00′00″	0	180°00′00″
2	③↑ 3.651	174°36′45″	①↑ 6.981	169°13′30″	①↑ 3.657	174°36′05″
3	③↑ 7.476	169°05′58″	①↑ 14.28	158°11′56″	①↑ 7.505	169°03′08″
4	③↑ 11.183	163°55′25″	①↑ 21.245	147°50′51″	①↑ 11.248	163°49′06″
5	③↑ 14.775	159°03′20″	①↑ 27.857	138°06′40″	①↑ 14.889	158°52′17″
6	③↑ 18.254	154°28′05″	①↑ 34.109	128°56′10″	①↑ 18.430	154°11′13″
7	③↑ 21.627	150°08′16″	①↑ 40.002	120°16′33″	①↑ 21.874	149°44′33″
8	③↑ 24.896	146°02′38″	①↑ 45.541	112°05′15″	①↑ 25.226	145°31′09″
9	③↑ 28.068	142°10′02″	①↑ 50.737	104°20′03″	①↑ 28.488	141°29′56″

第二节 接力区各点、位、线的计算

一、4×100m 接力

（一）第一接力区

4×100m 接力第一接力区的数据如表 4.2 和图 4.1 所示。计算方法见第三章。

表 4.2 4×100m 接力第一接力区数据（单位：m，r=36.00）

道次	第一接力区后沿			第一接力区标志线		
	前伸数	放射线	测量角(O_1)	前伸数	放射线	测量角(O_1)
1	34.040	②↓32.535	53°43′42″	14.04	②↓13.837	22°09′37″
2	4.569	②↓29.061	46°43′58″	10.521	②↓10.330	16°06′35″
3	9.547	②↓25.304	39°34′26″	6.688	②↓6.879	09°55′04″
4	14.522	②↓21.682	32°51′12″	2.856	②↓4.552	04°06′18″
5	19.500	②↓18.270	26°31′55″	②↑ 0.977		
6	24.476	②↓15.184	20°34′31″	②↑ 4.810	各道从第②分界线	
7	29.453	②↓12.617	14°57′09″	②↑ 8.642	向前垂直丈量	
8	34.430	②↓10.871	09°38′11″	②↑12.475		
9	39.406	②↓10.290	04°36′10″	②↑16.308		

道次	第一接力区前沿					
	前伸数	放射线	测量角(O_1)			
1	4.04	②↓4.004	06°22′35″			
2	0.521	②↓1.322	00°47′53″			
3	②↑ 3.312					
4	②↑ 7.144					
5	②↑10.977	各道从第②分界线				
6	②↑14.810	向前垂直丈量				
7	②↑18.642					
8	②↑22.475					
9	②↑26.308					

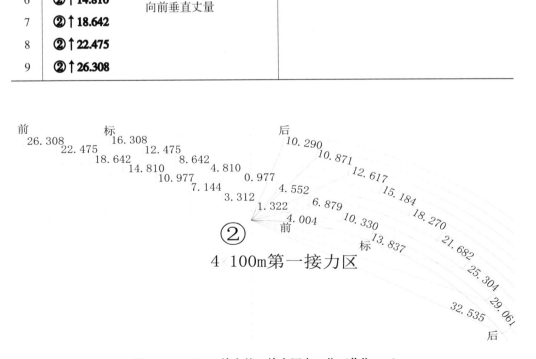

图 4.1 4×100m 接力第一接力区点、位（单位：m）

（二）第二接力区

4×100m 接力第二接力区的数据如表 4.3 和图 4.2 所示。计算方法见第三章。

表 4.3　4×100m 接力第二接力区数据（单位：m，$r=36.00$）

道次	第二接力区后沿			第二接力区标志线		
	前伸数	放射线	测量角(O_2)	前伸数	放射线	测量角(O_2)
1	③↓20.000			0	0	180°00′00″
2	③↓16.481			3.519	③↑3.651	174°36′45″
3	③↓12.649	各道从第③分界线		7.351	③↑7.476	169°05′58″
4	③↓8.816	向后垂直丈量		11.184	③↑11.183	163°55′25″
5	③↓4.983			15.017	③↑14.775	159°03′20″
6	③↓1.150			18.850	③↑18.254	154°28′05″
7	2.682	③↑7.714	176°28′07″	22.682	③↑21.627	150°08′16″
8	6.515	③↑10.338	171°39′24″	26.515	③↑24.896	146°02′38″
9	10.348	③↑13.357	167°06′00″	30.348	③↑28.068	142°10′02″
道次	第二接力区前沿			第三接力区后沿		
	前伸数	放射线	测量角(O_2)	前伸数	放射线	测量角(O_2)
1	10.000	③↑9.886	164°12′58″	34.040	④↓32.535	53°43′42″
2	3.210	↑3.368	159°18′03″	1.050	↑1.595	52°07′13″
3	6.707	↑6.895	154°16′17″	2.194	↑3.227	50°28′28″
4	10.203	↑10.317	149°32′58″	3.338	↑4.838	48°55′47″
5	13.700	↑13.638	145°06′29″	4.482	↑6.428	47°28′36″
6	17.197	↑16.860	140°55′23″	5.626	↑7.999	46°06′26″
7	20.693	↑19.990	136°58′21″	6.770	↑9.553	44°48′53″
8	24.190	↑23.030	133°14′15″	7.914	↑11.090	43°35′34″
9	27.687	↑25.985	129°42′02″	9.059	↑12.611	42°26′08″

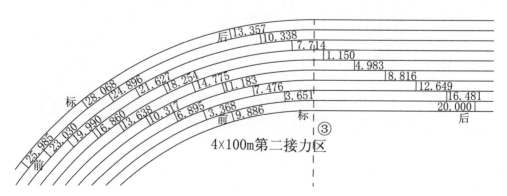

图 4.2　4×100m 接力第二接力区点、位（单位：m）

（三）第三接力区

4×100m 接力第三接力区的数据如表 4.4 和图 4.3 所示。计算方法见第三章。

表 4.4　4×100m 接力第三接力区数据（单位：m，r = 36.00）

道次	第三接力区后沿		
	前伸数	放射线	测量角（O_2）
1	34.040	④↓32.535	53°43′42″
2	1.050	↑ 1.595	52°07′13″
3	2.194	↑ 3.227	50°28′28″
4	3.338	↑ 4.838	48°55′47″
5	4.482	↑ 6.428	47°28′36″
6	5.626	↑ 7.999	46°06′26″
7	6.770	↑ 9.553	44°48′53″
8	7.914	↑11.090	43°35′34″
9	9.059	↑12.611	42°26′08″

道次	第三接力区标志线			第三接力区前沿		
	前伸数	放射线	测量角（O_2）	前伸数	放射线	测量角（O_2）
1	14.040	④↓13.837	22°09′37″	4.040	④↓ 4.004	6°22′35″
2	14.040	④↓13.708	21°29′50″	4.040	④↓ 4.134	6°11′08″
3	14.040	④↓13.662	20°49′06″	4.040	④↓ 4.590	5°59′25″
4	14.040	④↓13.737	20°10′52″	4.040	④↓ 5.296	5°48′25″
5	14.040	④↓13.930	19°34′55″	4.040	④↓ 6.167	5°38′04″
6	14.040	④↓14.235	19°01′01″	4.040	④↓ 7.143	5°28′19″
7	14.040	④↓14.645	18°29′02″	4.040	④↓ 8.186	5°19′07″
8	14.040	④↓15.151	17°58′48″	4.040	④↓ 9.273	5°10′25″
9	14.040	④↓15.741	17°30′10″	4.040	④↓10.391	5°02′10″

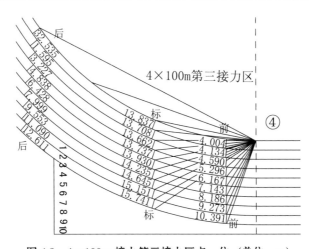

图 4.3　4×100m 接力第三接力区点、位（单位：m）

二、4×400m 接力

（一）起跑线和第一接力区

4×400m 接力起跑线和第一接力区的数据如表 4.5 所示。计算方法见第三章。

表 4.5　4×400m 接力起跑线和第一接力区数据（单位：m，$r = 36.00$）

道次	起跑线		第一接力区后沿		第一接力区前沿	
	放射线	测量角（O）	放射线	测量角（O_1）	放射线	测量角（O_1）
1	0	180°00′00″	①↓ **10.000**	各道从第①	①↑ 9.886	164°12′58″
2	①↑10.371	163°49′35″	①↓ **6.474**	分界线向后	↑ 3.375	159°17′23″
3	①↑21.116	147°15′04″	①↓ **2.617**	垂直丈量	↑ 6.923	154°13′27″
4	①↑31.155	131°39′57″	①↑ 3.849	178°11′33″	↑10.381	149°26′39″
5	①↑40.395	116°58′57″	①↑ 6.849	172°49′08″	↑13.751	144°55′27″
6	①↑48.787	103°07′23″	①↑ 10.316	167°43′55″	↑17.035	140°38′30″
7	①↑56.317	90°01′06″	①↑ 13.832	162°54′29″	↑20.236	136°34′38″
8	①↑62.993	77°36′24″	①↑ 17.311	158°19′32″	↑23.358	132°42′46″
9	①↑68.839	65°49′59″	①↑ 20.726	153°57′55″	↑26.404	129°01′56″

（二）第二、三接力区

第二、三接力区于第一直、曲分界线前后 10m，第二棒完成交接棒跑过抢道线后可不分道跑，在第二、三接力区进行交接棒。

三、4×200m 接力

（一）起跑线前伸数

同 4×400m 接力（见本节二）。

（二）第一接力区

第一接力区位于第三直、曲分界线前后，如表 4.6 和图 4.4 所示。计算方法见第三章。

表 4.6　4×200m 接力第一、二接力区数据（单位：m，r = 36.00）

道次	起跑线		第一接力区后沿		第一接力区标志线	
	放射线	测量角（O_1）	放射线	测量角（O_2）	放射线	测量角（O_2）
1	0	180°00′00″	③↓20.000	各道从第③	0	180°00′00″
2	①↑10.371	163°49′35″	③↓12.956	分界线向后	③↑ 6.988	169°12′50″
3	①↑21.116	147°15′04″	③↓ 5.267	垂直丈量	③↑14.309	158°09′06″
4	①↑31.155	131°39′57″	③↑ 4.330	176°29′26″	③↑21.310	147°44′31″
5	①↑40.395	116°58′57″	③↑10.652	165°49′18″	③↑27.970	137°55′37″
6	①↑48.787	103°07′23″	③↑17.458	155°44′42″	③↑34.279	128°39′18″
7	①↑56.317	90°01′06″	③↑24.092	146°12′40″	③↑40.234	119°52′50″
8	①↑62.993	77°36′24″	③↑30.459	137°10′32″	③↑45.839	111°33′46″
9	①↑68.839	65°49′59″	③↑36.531	128°35′55″	③↑51.104	103°39′57″

道次	第一接力区前沿		第二接力区后沿		第二接力区前沿	
	放射线	测量角（O_2）	放射线	测量角（O_1）	放射线	测量角（O_1）
1	③↑ 9.886	164°12′58″	①↓20.000		①↑ 9.886	164°12′58″
2	↑ 6.692	153°54′08″	①↓16.474		↑ 3.375	159°17′23″
3	↑13.709	143°19′25″	①↓12.617	各道从第①	↑ 6.923	154°13′27″
4	↑20.430	133°22′04″	①↓ 8.743	分界线向后	↑10.381	149°26′39″
5	↑26.838	123°58′46″	①↓ 4.851	垂直丈量	↑13.751	144°55′27″
6	↑32.924	115°06′35″	①↓ 0.943		↑17.035	140°38′30″
7	↑38.689	106°42′54″	①↑ 7.804	176°04′24″	↑20.236	136°34′38″
8	↑44.135	98°45′23″	①↑10.548	171°07′55″	↑23.358	132°42′46″
9	↑49.271	91°11′58″	①↑13.683	166°25′54″	↑26.404	129°01′56″

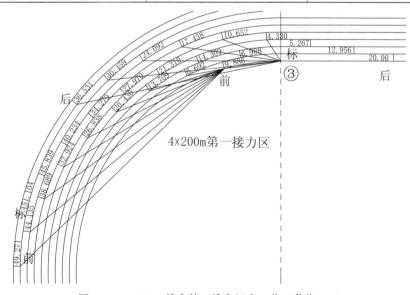

图 4.4　4×200m 接力第一接力区点、位（单位：m）

（三）第二接力区

4×200m 第二接力区位于第一直、曲分界线前后，接力区标志线同 800m 起跑线。4×200m 接力第二接力区的数据如表 4.6 和图 4.5 所示。计算方法见第三章。

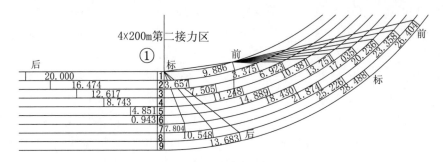

图 4.5　4×200m 接力第二接力区点、位（单位：m）

（四）第三接力区

4×200m 第三接力区位于第三直、曲分界线前后，接力区同 4×400m 接力第二接力区。

四、1000m（100m–200m–300m–400m）异程接力

（一）起跑线、第一接力区

起跑线、第一接力区的数据如表 4.7 和图 4.6、图 4.7 所示。计算方法见第三章。

表 4.7　1000m 异程接力起跑线和第一接力区（单位：m，$r=36.00$）

道次	起跑线			第一接力区后沿		
	前伸数	放射线	测量角（O_2）	前伸数	放射线	测量角（O_2）
1	0	0	180°00′00″	34.040	④↓32.535	53°43′42″
2	7.044	③↑ 6.988	169°12′50″	4.576	↑ 4.637	46°43′18″
3	14.734	③↑14.309	158°09′06″	9.577	↑ 9.515	39°31′37″
4	22.441	③↑21.310	147°44′31″	14.596	↑14.237	32°44′53″
5	30.166	③↑27.970	137°55′37″	19.631	↑18.803	26°20′53″
6	37.907	③↑34.279	128°39′18″	24.684	↑23.212	20°17′39″
7	45.665	③↑40.234	119°52′50″	29.753	↑27.469	14°33′26″
8	53.440	③↑45.839	111°33′46″	34.839	↑31.577	09°06′42″
9	61.232	③↑51.104	103°39′57″	39.942	↑35.540	03°56′03″

(续表)

道次	第一接力区标志线			第一接力区前沿		
	前伸数	放射线	测量角(O_2)	前伸数	放射线	测量角(O_2)
1	14.040	④↓13.837	22°09′37″	4.04	④↓4.004	06°22′35″
2	10.514	④↓10.323	16°05′54″	0.514	④↓1.320	00°47′13″
3	6.657	④↓6.850	09°52′15″	④↑3.343		
4	2.782	④↓4.511	03°59′58″	④↑7.218		
5	④↑1.109			④↑11.109		
6	④↑5.017		各道从第④分界线向前垂直丈量	④↑15.017		各道从第④分界线向前垂直丈量
7	④↑8.943			④↑18.943		
8	④↑12.885			④↑22.885		
9	④↑16.844			④↑26.844		

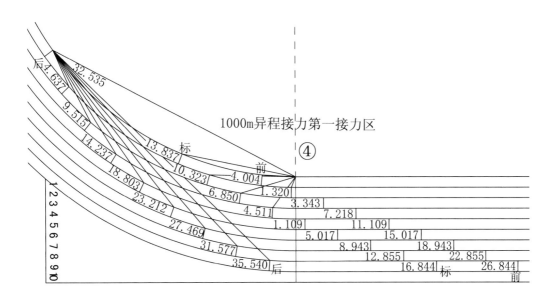

图 4.6　1000m 异程接力第一接力区示意（单位：m）

（二）第二接力区

第二接力区数据如表4.8和图4.7、图4.8所示。计算方法见第三章。

表4.8　1000m异程接力起跑线和第二接力区（单位：m，$r=36.00$）

道次	第二接力区后沿		
	前伸数	放射线	测量角(O_1)
1	34.040	②↓32.535	53°43′42″
2	1.058	↑ 1.600	52°06′33″
3	2.226	↑ 3.247	50°25′39″
4	3.412	↑ 4.884	48°49′27″
5	4.614	↑ 6.509	47°17′33″
6	5.834	↑ 8.124	45°49′34″
7	7.071	↑ 9.729	44°25′10″
8	8.324	↑11.326	43°04′05″
9	9.595	↑12.915	41°46′02″

道次	第二接力区标志线			第二接力区前沿		
	前伸数	放射线	测量角(O_1)	前伸数	放射线	测量角(O_1)
1	14.040	②↓13.837	22°09′37″	4.040	②↓ 4.004	06°22′35″
2	14.032	②↓13.701	21°29′09″	4.033	②↓ 4.127	06°10′28″
3	14.008	②↓13.632	20°46′17″	4.008	②↓ 4.564	05°56′36″
4	13.966	②↓13.671	20°04′33″	3.966	②↓ 5.246	05°42′06″
5	13.908	②↓13.816	19°23′52″	3.908	②↓ 6.093	05°27′01″
6	13.832	②↓14.065	18°44′09″	3.832	②↓ 7.046	05°11′27″
7	13.740	②↓14.413	18°05′19″	3.740	②↓ 8.068	04°55′24″
8	13.630	②↓14.853	17°27′19″	3.630	②↓ 9.137	04°38′56″
9	13.504	②↓15.377	16°50′04″	3.504	②↓10.238	04°22′04″

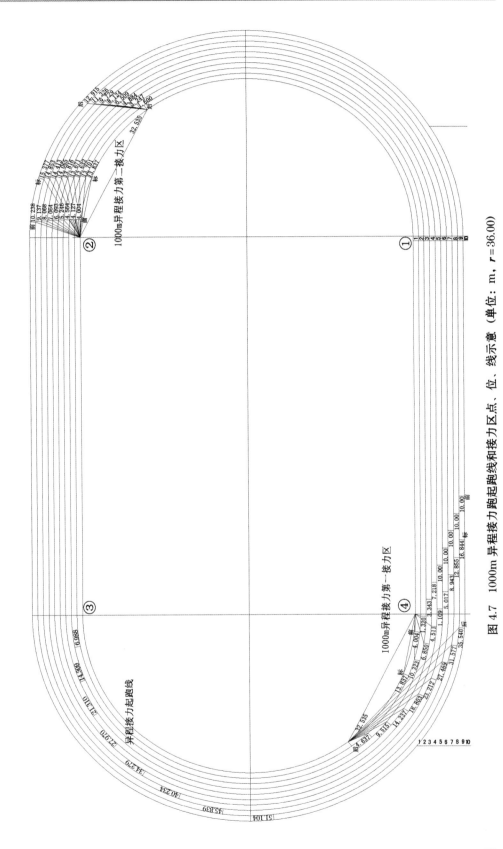

图 4.7　1000m 异程接力跑起跑线和接力区点、位、线示意（单位：m，$r = 36.00$）

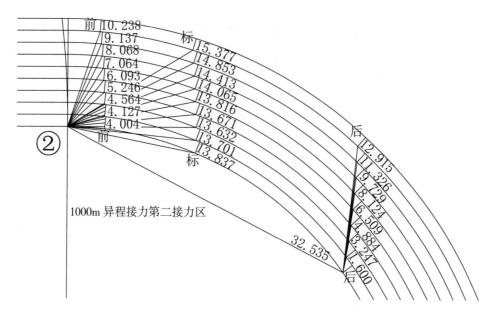

图 4.8　1000m 异程接力第二接力区示意（单位：m）

（三）第三接力区

第三接力区在终点附近，接力区设置同 4×400m 接力第二、三接力区，接力方法也相同。

注：本项目进行比赛较少，为了使本区域记号不复杂，画线时一般不画。如需要进行本项目比赛，建议用可拆卸的布带按点、位临时安装布置。

五、4×800m 接力

《规则》第 170 条 16.(a)："第一棒运动员越过规则第 163.5 所述的抢道线后沿以后，可离开自己的分道。"起跑线同 800m，为分道起跑，越过抢道线后不分道，以后各棒为不分道跑。各接力区同 4×400m 接力第二、三接力区，接力方法也相同。

六、4×1500m 接力

《规则》第 170 条 18："采用不分道跑的方法跑进。"起跑线同 10000m，为不分道起跑，每棒跑 3 圈 +300m，每个接力区的长度为 20m，各棒接力区标志线同 4×100m 接力第 1 道各棒标志线，各接力区前沿和后沿距标志线 10m，第四棒接棒后直接跑到终点。各接力区画法同 4×400m 接力第二、三接力区，接力方法也相同。

七、1200m–400m–800m–1600m 的长距离异程接力

起跑线和接力方法同 4×800m 接力。

《手册》第 43 页："通常，不建议在国际竞赛中使用的跑道上标记 4×200m 和异程接力线，除非这些项目在竞赛日程上……测量员可以在每条分道线或突沿线上设置每棒起跑位置的永久标记线，以便技术官员在每次接力赛前临时准确地标记每棒的起跑位置。"

三至七接力跑项目，比较少进行比赛,为了使本区域记号不要太复杂，画线时一般不画。可在相应跑道线上的点、位做记号，如需要进行本项目比赛,建议用可拆卸的布带按点、位临时安装布置。

第三节　跨栏跑栏架点、位前伸数的计算

一、男子、女子 400m 栏

400m 栏的栏架位置如表 4.9 和图 4.9 所示。

表 4.9　400m 栏的栏架位置点、位数据（单位：m，$r=36.00$）

道次	第一栏		第二栏		第三栏	第四栏
	放射线	测量角（O_1）	放射线	测量角（O_1）	垂直丈量	垂直丈量
1	①↑41.825	108°58′20″	②↓32.535	53°43′42″	②↑ 0.960	
2	↑ 5.654	100°19′23″	↑ 4.630	46°43′58″	②↑ 4.479	
3	↑11.578	91°28′20″	↑ 9.486	39°34′26″	②↑ 8.312	
4	↑17.269	83°09′48″	↑14.171	32°51′12″	②↑12.144	各道以第三栏为准，向前 35m 垂直丈量
5	↑22.722	75°20′52″	↑18.687	26°31′55″	②↑15.977	
6	↑27.935	67°59′00″	↑23.036	20°34′31″	②↑19.810	
7	↑32.912	61°01′53″	↑27.221	14°57′09″	②↑23.642	
8	↑37.659	54°27′32″	↑31.250	09°38′11″	②↑27.475	
9	↑42.184	48°14′07″	↑35.127	04°36′10″	②↑31.308	

道次	第五栏		第六栏		第七栏	
	放射线	测量角（O_2）	放射线	测量角（O_2）	放射线	测量角（O_2）
1	③↓15.000	各道从第③分界线向后垂直丈量	③↑19.585	148°25′55″	六↑33.382	93°11′18″
2	③↓11.481		↑3.089	143°59′22″	↑2.159	90°19′29″
3	③↓7.649		↑6.32	139°26′35″	↑4.401	84°31′53″
4	③↓3.816		↑9.46	135°10′31″	↑6.593	84°38′38″
5	③↑4.880	179°58′36″	↑12.511	131°09′39″	↑8.739	82°03′23″
6	③↑7.054	174°47′09″	↑15.478	127°22′40″	↑10.841	79°37′06″
7	③↑10.102	169°53′09″	↑18.364	123°48′26″	↑12.901	77°19′01″
8	③↑13.363	165°15′12″	↑21.174	120°25′52″	↑14.923	75°08′27″
9	③↑16.651	160°52′00″	↑23.911	117°14′03″	↑16.909	73°04′50″

道次	第八栏		第九栏		第十栏	
	放射线	测量角（O_2）	放射线	测量角（O_1）	放射线	测量角（O_1）
1	④↓23.408	37°56′40″	各道以第④分界线为准，向前10.96m垂直丈量		各道以第九栏为准，向前35m丈量，或以终点为准向后40m垂直丈量	
2	↑1.419	36°48′31″				
3	↑2.86	35°38′47″				
4	↑4.288	34°33′20″				
5	↑5.705	33°31′45″				
6	↑7.112	32°33′44″				
7	↑8.508	31°38′58″				
8	↑9.896	30°47′11″				
9	↑11.275	29°58′09″				

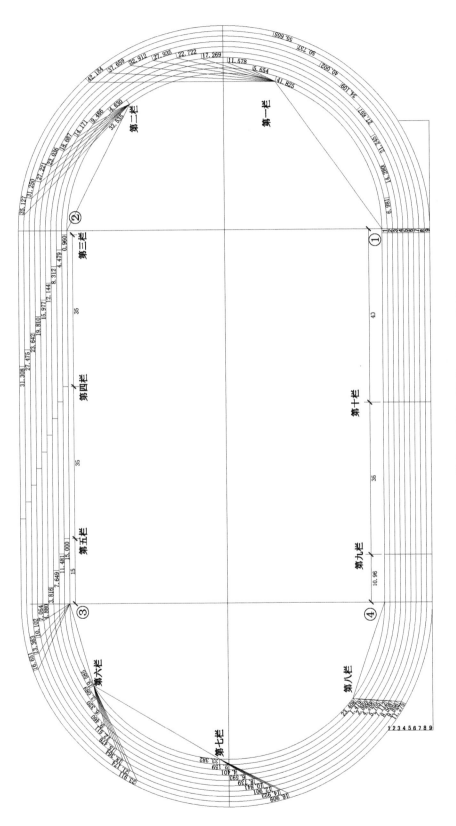

图 4.9　400m 栏点、位示意 (单位: m, $r=35.00$)

二、少年乙组男子、女子 300m 栏

（一）起跑线

起跑线同 4×100m 接力第一接力区标志线。

（二）栏架位置

300m 栏全程 8 个栏，第一栏同 400m 栏第三栏，第二至第八栏以后各栏位置同 400m 栏第四至第十栏。

三、少年男子、女子 200m 栏

（一）起跑线

200m 栏起跑线同 200m。

（二）栏架位置

200m 栏的栏架位置如表 4.10 和图 4.10 所示。

表 4.10 200m 栏的栏架位置点、位数据（单位：m，$r=36.00$）

道次	第一栏		第二栏		第三栏	
	放射线	测量角（O_2）	放射线	测量角（O_2）	放射线	测量角（O_2）
1	③↑15.740	154°44′44″	一↑18.629	124°45′22″	二↑18.629	94°46′00″
2	↑ 3.200	150°06′51″	↑ 2.679	121°01′20″	↑ 2.184	91°55′49″
3	↑ 6.549	145°22′28″	↑ 5.475	117°12′04″	↑ 4.453	89°01′39″
4	↑ 9.801	140°55′30″	↑ 8.199	113°36′50″	↑ 6.670	86°18′10″
5	↑12.960	136°44′23″	↑10.853	110°14′23″	↑ 8.841	83°44′23″
6	↑16.029	132°47′45″	↑13.440	107°03′37″	↑10.966	81°19′28″
7	↑19.013	129°04′24″	↑15.965	104°03′32″	↑13.049	79°02′41″
8	↑21.914	125°33′13″	↑18.431	101°13′17″	↑15.092	76°53′22″
9	↑24.739	122°13′15″	↑20.840	98°32′04″	↑17.098	74°50′54″

道次	第四栏		第五栏		第六栏	
	放射线	测量角（O_2）	放射线	测量角（O_2）	放射线	测量角（O_2）
1	三↑18.629	64°46′37″	④↓21.523	34°47′15″	④↓3.014	4°47′53″
2	↑1.739	62°50′18″	④↓21.284	33°44′47″	④↓3.213	4°39′16″
3	↑3.527	60°51′15″	④↓21.074	32°40′51″	④↓3.810	4°30′27″
4	↑5.286	58°59′30″	④↓20.950	31°40′50″	④↓4.658	4°22′10″
5	↑7.018	57°14′23″	④↓20.913	30°44′23″	④↓5.645	4°14′23″
6	↑8.724	55°35′20″	④↓20.963	29°51′11″	④↓6.711	4°07′03″
7	↑10.406	54°01′50″	④↓21.097	29°00′59″	④↓7.822	4°00′07″
8	↑12.066	52°33′26″	④↓21.313	28°13′30″	④↓8.963	3°53′34″
9	↑13.706	51°09′43″	④↓21.607	27°28′33″	④↓10.122	3°47′22″

第七栏：在第二直段上，各道距第四直、曲分界线 $19-\left[\pi\,(r+0.3)-(16+5\times19)\right]$ =15.960m。

第八、九、十栏在第二直段上，分别距上一个栏 19m，第十栏距终点 13m。

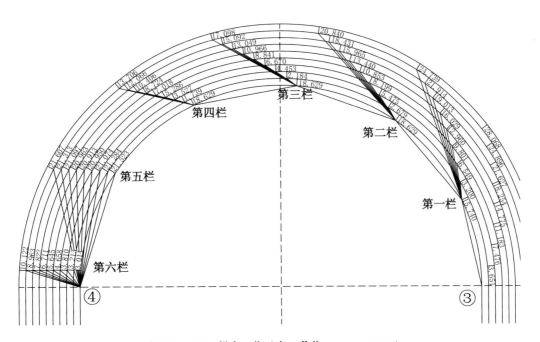

图 4.10　200m 栏点、位示意（单位：m，r = 36.00）

89

第四节　径赛不分道项目的起跑线及抢道线

本节计算原理与第三章第四节相同，在此不再重复，数据亦可参看第三章的图表。

第一种类型：800m 跑抢道线，数据见表 3.17；第二种类型：10000m 起跑线，数据见表 3.18；第三种类型：1500m 起跑线，数据见表 3.19。

第五章　半径 37.898m 跑道弯道上点、位、线的计算及数据

第一节　弯道上径赛项目起跑线点、位、线的计算

弯道上起跑的项目有 200m、400m、800m 跑起跑线数据如表 5.1 所示。

表 5.1　弯道上起跑项目各点、位、线数据（单位：m）

道次	200m 起跑线		400m 起跑线		800m 起跑线	
	放射线	测量角（O_2）	放射线	测量角（O_1）	放射线	测量角（O_1）
1	0	180°00′00″	0	180°00′00″	0	180°00′00″
2	③↑ 3.654	174°52′21″	①↑ 6.989	169°44′43″	①↑ 3.661	174°51′40″
3	③↑ 7.489	169°36′35″	①↑ 14.313	159°13′10″	①↑ 7.520	169°33′42″
4	③↑ 11.212	164°39′16″	①↑ 21.321	149°18′32″	①↑ 11.282	164°32′47″
5	③↑ 14.823	159°58′50″	①↑ 27.997	139°57′39″	①↑ 14.947	159°47′30″
6	③↑ 18.328	155°33′52″	①↑ 34.330	131°07′44″	①↑ 18.518	155°16′33″
7	③↑ 21.730	151°23′09″	①↑ 40.320	122°46′18″	①↑ 21.998	150°58′47″
8	③↑ 25.032	147°25′33″	①↑ 45.973	114°51′05″	①↑ 25.389	146°53′10″
9	③↑ 28.240	143°40′03″	①↑ 51.296	107°20′06″	①↑ 28.695	142°58′47″

第二节　接力区各点、位、线的计算

一、4×100m 接力

（一）第一接力区

计算见第三章，本章略。4×100m 接力第一接力区的数据如表 5.2 和图 5.1 所示。

表 5.2　4×100m 接力第一接力区的数据（单位：m，$r=37.898$）

道次	第一接力区后沿			第一接力区标志线		
	前伸数	放射线	测量角（O_1）	前伸数	放射线	测量角（O_1）
1	②↓40.003	②↓37.899	60°00′09″	20.003	②↓19.619	30°00′12″
2	↑ 4.691	②↓34.481	53°09′57″	16.484	②↓16.071	24°01′16″
3	↑ 9.802	②↓30.745	46°08′55″	12.651	②↓12.395	17°52′52″
4	↑14.912	②↓27.096	39°32′30″	8.818	②↓ 9.131	12°05′59″
5	↑20.023	②↓23.590	33°18′34″	4.986	②↓ 6.753	06°38′48″
6	↑25.133	②↓20.296	27°25′18″	1.153	②↓ 6.192	01°29′41″
7	↑30.243	②↓17.315	21°51′00″	②↑ 2.680	各道从第②分界线	
8	↑35.354	②↓14.802	16°34′11″	②↑ 6.512	向前垂直丈量	
9	↑40.464	②↓12.981	11°33′31″	②↑10.345		

道次	第一接力区前沿					
	前伸数	放射线	测量角（O_1）			
1	10.003	②↓9.896	15°0′13″			
2	6.484	②↓6.459	9°26′55″			
3	2.651	②↓3.534	3°44′50″			
4	②↑ 1.182					
5	②↑ 5.014	各道从第②分界线				
6	②↑ 8.847	向前垂直丈量				
7	②↑12.680					
8	②↑16.512					
9	②↑20.345					

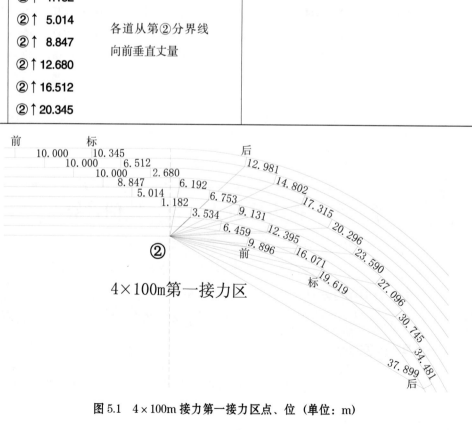

图 5.1　4×100m 接力第一接力区点、位（单位：m）

（二）第二接力区

4×100m接力第二接力区数据如表5.3和图5.2所示。

表5.3　4×100m接力第二接力区数据（单位：m，r=37.898）

道次	第二接力区后沿			第二接力区标志线		
	前伸数	放射线	测量角(O_2)	前伸数	放射线	测量角(O_2)
1	③↓20.000			0	0	0°0′0″
2	③↓16.481			3.519	③↑3.654	174°52′21″
3	③↓12.649	各道从第③分界线		7.351	③↑7.489	169°36′35″
4	③↓8.816	向后垂直丈量		11.184	③↑11.212	164°39′16″
5	③↓4.983			15.017	③↑14.823	159°58′50″
6	③↓1.150			18.850	③↑18.328	155°33′52″
7	2.682	③↑7.717	176°36′58″	22.682	③↑21.730	151°23′09″
8	6.515	③↑10.355	171°59′46″	26.515	③↑25.032	147°25′33″
9	10.348	③↑13.393	167°36′42″	30.348	③↑28.240	143°40′03″

道次	第二接力区前沿		
	前伸数	放射线	测量角(O_2)
1	10	③↑9.893	165°00′01″
2	3.225	↑3.385	160°18′01″
3	6.739	↑6.935	155°28′33″
4	10.252	↑10.385	150°56′01″
5	13.765	↑13.737	146°38′57″
6	17.279	↑16.995	142°36′04″
7	20.792	↑20.162	138°46′14″
8	24.306	↑23.242	135°08′26″
9	27.819	↑26.240	131°41′44″

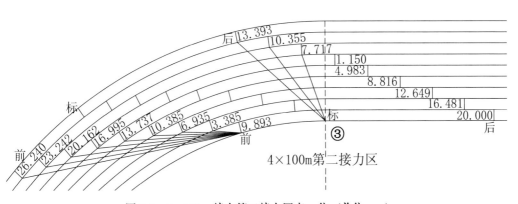

图5.2　4×100m接力第二接力区点、位（单位：m）

（三）第三接力区

4×100m 接力第三接力区数据如表 5.4 和图 5.3 所示。

表 5.4　4×100m 接力第三接力区数据（单位：m，$r=37.898$）

道次	第三接力区后沿		
	前伸数	放射线	测量角（O_2）
1	40.003	④↓37.899	60°00′09″
2	1.173	↑ 1.676	58°17′36″
3	2.451	↑ 3.397	56°32′20″
4	3.728	↑ 5.093	54°53′14″
5	5.006	↑ 6.766	53°19′45″
6	6.283	↑ 8.417	51°51′25″
7	7.561	↑10.048	50°27′51″
8	8.839	↑11.660	49°08′38″
9	10.116	↑13.254	47°53′28″

道次	第三接力区标志线			第三接力区前沿		
	前伸数	放射线	测量角（O_2）	前伸数	放射线	测量角（O_2）
1	20.003	④↓19.619	30°00′12″	10.003	④↓ 9.896	15°00′13″
2	20.003	④↓19.416	29°08′55″	10.003	④↓ 9.845	14°34′34″
3	20.003	④↓19.253	28°16′17″	10.003	④↓ 9.928	14°08′15″
4	20.003	④↓19.181	27°26′43″	10.003	④↓10.165	13°43′28″
5	20.003	④↓19.201	26°39′58″	10.003	④↓10.547	13°20′05″
6	20.003	④↓19.312	25°55′49″	10.003	④↓11.057	12°58′00″
7	20.003	④↓19.510	25°14′01″	10.003	④↓11.678	12°37′06″
8	20.003	④↓19.792	24°34′25″	10.003	④↓12.393	12°17′18″
9	20.003	④↓20.154	23°56′50″	10.003	④↓13.186	11°58′30″

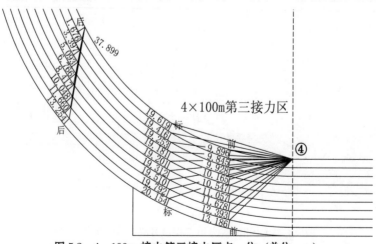

图 5.3　4×100m 接力第三接力区点、位（单位：m）

二、4×400m 接力

（一）起跑线、第一接力区

4×400m 接力起跑线和第一接力区的数据如表 5.5 所示。

表 5.5　4×400m 接力起跑线和第一接力区数据（单位：m，r=37.898）

道次	起跑线		第一接力区后沿		第一接力区前沿	
	放射线	测量角（O_1）	放射线	测量角（O_1）	放射线	测量角（O_1）
1	0	180°00′00″	①↓ **10.000**	各道从第①	①↑ 9.896	164°59′47″
2	①↑ 10.385	164°36′23″	①↓ **6.474**	分界线向后	↑ 3.392	160°17′06″
3	①↑ 21.182	148°46′52″	①↓ **2.615**	垂直丈量	↑ 6.966	155°25′26″
4	①↑ 31.320	133°51′19″	①↑ 3.852	178°16′03″	↑ 10.455	150°49′18″
5	①↑ 40.708	119°45′09″	①↑ 6.866	173°07′23″	↑ 13.860	146°27′23″
6	①↑ 49.297	106°24′17″	①↑ 10.355	168°14′21″	↑ 17.183	142°18′31″
7	①↑ 57.067	93°45′05″	①↑ 13.897	163°35′42″	↑ 20.428	138°21′38″
8	①↑ 64.020	81°44′15″	①↑ 17.406	159°10′17″	↑ 23.597	134°35′50″
9	①↑ 70.174	70°18′53″	①↑ 20.856	154°57′06″	↑ 26.694	131°00′14″

（二）第二、三接力区

第二、三接力区于第一直、曲分界线前后 10m，第二棒完成交接棒跑过抢道线后可不分道跑，在第二、三接力区进行交接棒。

三、4×200m 接力

（一）起跑线前伸数

同 4×400m 接力（见本节二）。

（二）第一接力区

第一接力区位于第三直、曲分界线前后，如表 5.6 和图 5.4 所示。

表 5.6 4×200m 接力起跑线和第一、二接力区数据（单位：m）

道次	起跑线		第一接力区后沿		第一接力区标志线	
	放射线	测量角（O_1）	放射线	测量角（O_2）	放射线	测量角（O_2）
1	0	180°00′00″	③↓20.000	各道从第③	0	180°00′00″
2	①↑10.385	164°36′23″	③↓12.955	分界线向后	③↑ 6.997	169°44′02″
3	①↑21.182	148°46′52″	③↓ 5.263	垂直丈量	③↑14.345	159°10′17″
4	①↑31.320	133°51′19″	③↑ 4.336	176°38′34″	③↑21.392	149°12′03″
5	①↑40.708	119°45′09″	③↑10.689	166°26′06″	③↑28.119	139°46′20″
6	①↑49.297	106°24′17″	③↑17.540	156°46′02″	③↑34.514	130°50′25″
7	①↑57.067	93°45′05″	③↑24.233	147°35′45″	③↑40.573	122°21′56″
8	①↑64.020	81°44′15″	③↑30.677	138°52′56″	③↑46.299	114°18′43″
9	①↑70.174	70°18′53″	③↑36.840	130°35′29″	③↑51.698	106°38′50″

道次	第一接力区前沿		第二接力区后沿		第二接力区前沿	
	放射线	测量角（O_2）	放射线	测量角（O_1）	放射线	测量角（O_1）
1	③↑ 9.893	165°00′01″	①↓20.000		①↑ 9.893	165°00′01″
2	↑ 6.715	155°09′41″	①↓16.474	各道从第①	↑ 3.392	160°17′06″
3	↑13.772	145°02′15″	①↓12.617	分界线向后	↑ 6.966	155°25′26″
4	↑20.550	135°28′48″	①↓ 8.743	垂直丈量	↑10.455	150°49′18″
5	↑27.033	126°26′27″	①↓ 4.851		↑13.860	146°27′23″
6	↑33.211	117°52′37″	①↓ 0.943		↑17.183	142°18′31″
7	↑39.081	109°45′01″	①↑ 7.815	176°12′37″	↑20.428	138°21′38″
8	↑44.647	102°01′36″	①↑10.582	171°27′24″	↑23.597	134°35′50″
9	↑49.913	94°40′31″	①↑13.745	166°55′26″	↑26.694	131°00′14″

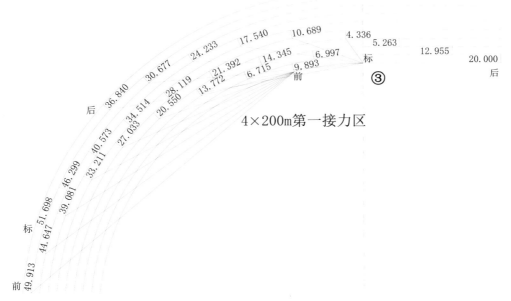

图 5.4　4×200m 接力第一接力区点、位（单位：m）

（三）第二接力区

4×200m 接力第二接力区位于第一直、曲分界线前后，接力区标志线同 800m 起跑线，数据如表 5.6、图 5.5 所示。

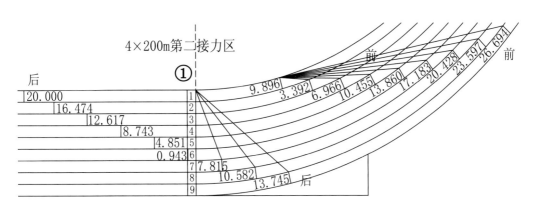

图 5.5　4×200m 接力第二接力区点、位（单位：m）

（四）第三接力区

同 4×400m 接力第二接力区，位于第三直、曲分界线前、后。

四、1000m（100m–200m–300m–400m）异程接力

（一）起跑线、第一接力区

起跑线、第一接力区如表 5.7 和图 5.6、图 5.7 所示。

表 5.7　1000m 异程接力起跑线和第一接力区数据（单位：m，r=37.898）

道次	起跑线			第一接力区后沿		
	前伸数	放射线	测量角(O_2)	前伸数	放射线	测量角(O_2)
1	0	0	180°00′00″	40.003	④↓37.899	60°00′09″
2	7.045	③↑ 6.997	169°44′02″	4.699	↑ 4.758	53°09′16″
3	14.737	③↑14.345	159°10′17″	9.836	↑ 9.773	46°06′02″
4	22.447	③↑21.392	149°12′03″	14.991	↑14.636	39°26′01″
5	30.175	③↑28.119	139°46′20″	20.164	↑19.344	33°07′15″
6	37.922	③↑34.514	130°50′25″	25.356	↑23.898	27°07′58″
7	45.686	③↑40.573	122°21′56″	30.565	↑28.299	21°26′38″
8	53.469	③↑46.299	114°18′43″	35.793	↑32.552	16°01′49″
9	61.270	③↑51.698	106°38′50″	41.039	↑36.660	10°52′16″

道次	第一接力区标志线			第一接力区前沿		
	前伸数	放射线	测量角(O_2)	前伸数	放射线	测量角(O_2)
1	20.003	④↓19.619	30°00′12″	10.003	④↓9.896	15°00′13″
2	16.476	④↓16.063	24°00′35″	6.476	④↓6.451	09°26′14″
3	12.617	④↓12.363	17°49′58″	2.617	④↓3.510	03°41′57″
4	8.740	④↓ 9.063	11°59′30″	④↑ 1.260		
5	4.844	④↓ 6.662	06°27′29″	④↑ 5.156		
6	0.930	④↓ 6.160	01°12′22″	④↑ 9.070	各道从第④分界线向前垂直丈量	
7	④↑ 3.002	各道从第④分界线向前垂直丈量		④↑13.002		
8	④↑ 6.952			④↑16.952		
9	④↑10.920			④↑20.920		

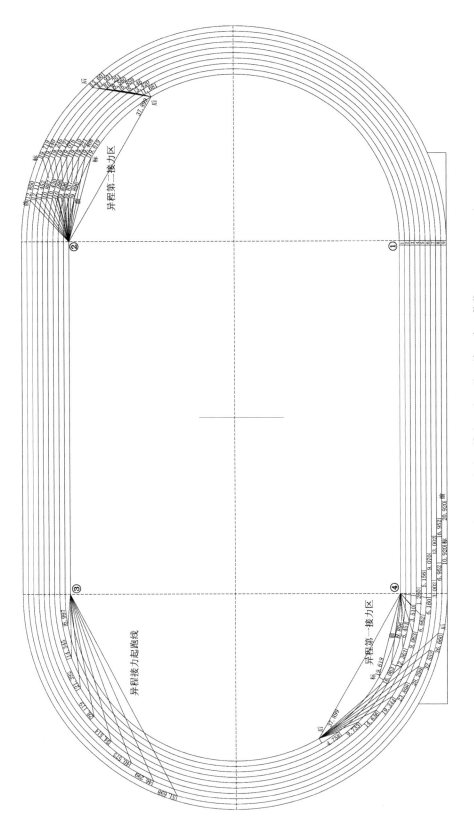

图 5.6　1000m 异程接力跑起跑线和接力区点、位、线示意（单位：m，*r*=37.898）

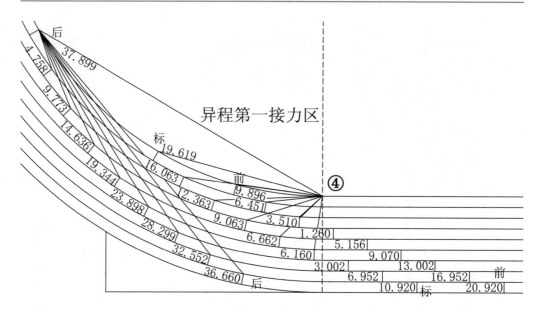

图 5.7 1000m 异程接力跑第一接力区示意（单位：m）

（二）第二接力区

第二接力区数据如表 5.8 和图 5.6、图 5.8 所示。

表 5.8 1000m 异程接力第二接力区数据（单位：m，$r=37.898$）

道次	第二接力区后沿		
	前伸数	放射线	测量角（O_1）
1	40.003	②↓37.899	60°00′09″
2	1.181	↑ 1.681	58°16′55″
3	2.485	↑ 3.420	56°29′27″
4	3.807	↑ 5.146	54°46′45″
5	5.147	↑ 6.859	53°08′25″
6	6.506	↑ 8.560	51°34′06″
7	7.883	↑10.251	50°03′29″
8	9.278	↑11.931	48°36′16″
9	10.691	↑13.601	47°12′12″

（续表）

道次	第二接力区标志线			第二接力区前沿		
	前伸数	放射线	测量角(O_1)	前伸数	放射线	测量角(O_1)
1	20.003	②↓19.619	30°00′12″	10.003	②↓9.896	15°00′13″
2	19.995	②↓19.408	29°08′14″	9.995	②↓9.837	14°33′53″
3	19.968	②↓19.221	28°13′23″	9.968	②↓9.896	14°05′21″
4	19.924	②↓19.110	27°20′14″	9.924	②↓10.096	13°36′59″
5	19.861	②↓19.076	26°28′39″	9.861	②↓10.430	13°08′46″
6	19.780	②↓19.121	25°38′29″	9.780	②↓10.887	12°40′41″
7	19.681	②↓19.245	24°49′39″	9.681	②↓11.452	12°12′44″
8	19.563	②↓19.444	24°02′03″	9.563	②↓12.111	11°44′56″
9	19.428	②↓19.719	23°15′34″	9.428	②↓12.850	11°17′14″

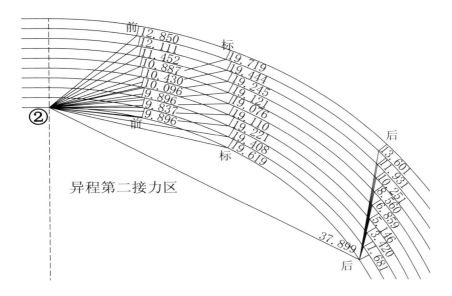

图 5.8　1000m 异程接力第二接力区示意（单位：m）

（三）第三接力区

第三接力区在终点附近，接力区设置同 4×400m 接力第二、三接力区，接力方法也相同。

注：本项目进行比赛较少，为了使本区域记号不复杂，画线时一般不画。如需要进行本项目比赛，建议用可拆卸的布带按点、位临时安装布置。

五、4×800m 接力

《规则》第 170 条 16.(a)："第一棒运动员越过规则第 163.5 所述的抢道线后沿以后，可离开自己的分道。"起跑线同 800m，为分道起跑，越过抢道线后不分道，以后各棒为不分道跑。各接力区同 4×400 接力第二、三接力区，接力方法也相同。

六、4×1500m 接力

《规则》第 170 条 18："采用不分道跑的方法跑进。"起跑线同 10000m，为不分道起跑，每棒跑 3 圈 +300m，每个接力区的长度为 20m，各棒接力区标志线同 4×100m 接力第 1 道各棒标志线，各接力区前沿和后沿距标志线 10m，第四棒接棒后直接跑到终点。各接力区画法同 4×400 接力第二、三接力区，接力方法也相同。

七、1200m–400m–800m–1600m 的长距离异程接力

起跑线和接力方法同 4×800m 接力。

《手册》第 43 页："通常，不建议在国际竞赛中使用的跑道上标记 4×200m 和异程接力线，除非这些项目在竞赛日程上……测量员可以在每条分道线或突沿线上设置每棒起跑位置的永久标记线，以便技术官员在每次接力赛前临时准确地标记每棒的起跑位置。"

三至七接力跑项目比较少进行比赛,为了使本区域记号不要太复杂，画线时一般不画。可在相应跑道线上的点、位做记号，如需要进行本项目比赛,建议用可拆卸的布带按点、位临时安装布置。

第三节　跨栏跑栏架点、位前伸数的计算

一、男子、女子 400m 栏

400m 栏的栏架位置如表 5.9 和图 5.9 所示。

表 5.9　400m 栏的栏架位置数据（单位：m，$r=37.898$）

道次	第一栏 放射线	第一栏 测量角 (O_1)	第二栏 放射线	第二栏 测量角 (O_1)	第三栏 放射线	第三栏 测量角 (O_1)
1	①↑ 42.109	112°30′05″	②↓ 37.899	60°00′09″	②↓ 4.960	07°30′13″
2	↑ 5.726	104°10′10″	↑ 4.751	53°09′57″	②↓ 1.897	02°09′45″
3	↑ 11.737	95°37′02″	↑ 9.741	46°08′55″	②↑ 2.349	
4	↑ 17.523	87°33′53″	↑ 14.564	39°32′30″	②↑ 6.182	
5	↑ 23.078	79°58′10″	↑ 19.219	33°18′34″	②↑ 10.014	各道从第②
6	↑ 28.399	72°47′37″	↑ 23.707	27°25′18″	②↑ 13.847	分界线向前
7	↑ 33.491	66°00′11″	↑ 28.032	21°51′00″	②↑ 17.680	垂直丈量
8	↑ 38.356	59°34′05″	↑ 32.198	16°34′11″	②↑ 21.512	
9	↑ 43.003	53°27′39″	↑ 36.212	11°33′31″	②↑ 25.345	

道次	第五栏 放射线	第五栏 测量角 (O_2)	第六栏 放射线	第六栏 测量角 (O_2)	第七栏 放射线	第七栏 测量角 (O_2)
1	③↓ 15.000		③↑ 19.617	150°00′02″	六↑ 33.523	52°29′56″
2	③↓ 11.481	各道从第③	↑ 3.119	145°43′40″	↑ 2.230	49°43′17″
3	③↓ 7.649	分界线向后	↑ 6.387	141°20′31″	↑ 4.549	46°52′15″
4	③↓ 3.816	垂直丈量	↑ 9.567	137°12′45″	↑ 6.818	44°11′12″
5	③↑ 4.880	179°58′36″	↑ 12.661	133°19′03″	↑ 9.040	41°39′17″
6	③↑ 7.054	174°47′09″	↑ 15.672	129°38′16″	↑ 11.216	39°15′46″
7	③↑ 10.102	169°53′09″	↑ 18.605	126°09′19″	↑ 13.350	36°59′57″
8	③↑ 13.363	165°15′12″	↑ 21.462	122°51′19″	↑ 15.444	34°51′15″
9	③↑ 16.651	160°52′00″	↑ 24.248	119°43′24″	↑ 17.500	32°49′06″

道次	第八栏 放射线	第八栏 测量角 (O_2)	第九栏	第十栏
1	④↓ 29.008	36°03′32″		
2	↑ 1.493	34°46′37″		
3	↑ 3.016	33°27′40″		各道以第九栏为准，
4	↑ 4.523	32°13′20″	各道以第④分界线	向前 35.00m 丈量，
5	↑ 6.015	31°03′13″	为准，向前 5.00m	或以终点为准向后
6	↑ 7.493	29°56′59″	丈量	40.00m 丈量
7	↑ 8.959	28°54′18″		
8	↑ 10.413	27°54′53″		
9	↑ 11.856	26°58′31″		

注：第四栏的第 1~2 道位于第五栏向后 35.00m，第 3~9 道位于第三栏向前 35.00m。

103

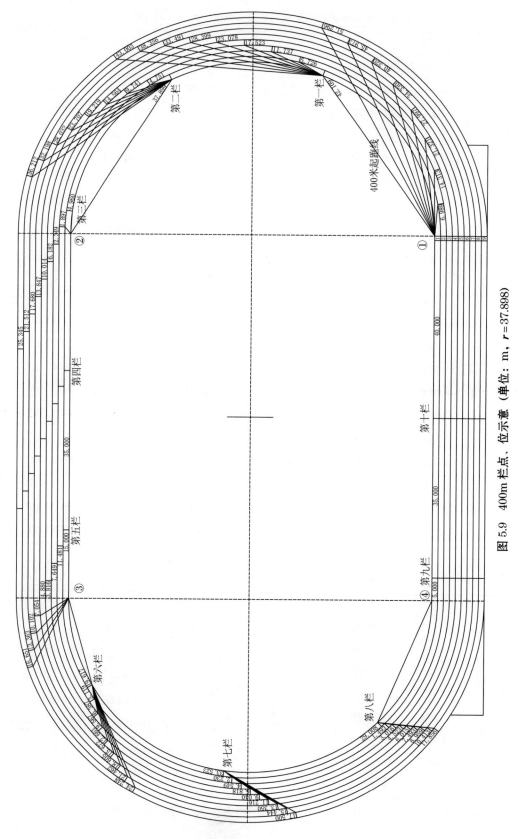

图 5.9　400m 栏点、位示意（单位：m，*r*=37.898）

二、少年乙组男子、女子 300m 栏

(一) 起跑线

起跑线同 4×100m 接力第一接力区标志线。

(二) 栏架位置

300m 栏全程 8 个栏，第一栏同 400m 栏第三栏，第二至第八栏以后各栏位置同 400m 栏第四至第十栏。

三、少年男子、女子 200m 栏

(一) 起跑线

200m 栏起跑线同 200m。

(二) 栏架位置

200m 栏的栏架位置数据如表 5.10 和图 5.10 所示。

表 5.10　200m 栏的栏架位置数据（单位：m，$r=37.898$）

道次	第一栏		第二栏		第三栏	
	放射线	测量角 (O_2)	放射线	测量角 (O_2)	放射线	测量角 (O_2)
1	③↑15.759	154°44′44″	一↑18.657	126°14′47″	二↑18.657	97°44′49″
2	↑3.225	150°06′51″	↑2.728	122°36′52″	↑2.254	94°55′36″
3	↑6.606	145°22′28″	↑5.581	118°53′11″	↑4.599	92°01′56″
4	↑9.893	140°55′30″	↑8.361	115°22′35″	↑6.893	89°18′24″
5	↑13.090	136°44′23″	↑11.073	112°03′56″	↑9.138	86°44′09″
6	↑16.200	132°47′45″	↑13.720	108°56′16″	↑11.337	84°18′26″
7	↑19.226	129°04′24″	↑16.304	105°58′40″	↑13.493	82°00′32″
8	↑22.173	125°33′13″	↑18.828	103°10′21″	↑15.608	79°49′51″
9	↑25.043	122°13′15″	↑21.297	100°30′38″	↑17.685	77°45′49″

（续表）

道次	第四栏		第五栏		第六栏	
	放射线	测量角（O_2）	放射线	测量角（O_2）	放射线	测量角（O_2）
1	三↑18.657	69°14′51″	④↓27.165	42°00′11″	④↓8.911	13°30′13″
2	↑1.819	67°14′21″	④↓26.874	40°48′23″	④↓8.881	13°07′08″
3	↑3.696	65°10′40″	④↓26.587	39°34′42″	④↓9.002	12°43′27″
4	↑5.542	63°14′13″	④↓26.372	38°25′19″	④↓9.291	12°21′08″
5	↑7.357	61°24′22″	④↓26.231	37°19′53″	④↓9.731	12°00′06″
6	↑9.145	59°40′36″	④↓26.162	36°18′03″	④↓10.303	11°40′13″
7	↑10.906	58°02′24″	④↓26.166	35°19′33″	④↓10.986	11°21′25″
8	↑12.643	56°29′20″	④↓26.240	34°24′06″	④↓11.760	11°03′35″
9	↑14.356	55°01′00″	④↓26.385	33°31′29″	④↓12.609	10°46′40″

第七栏各道距第四直、曲分界线 $19-\left[\pi\ (r+0.3)\ -(16+5\times 19)\right]=15.960\mathrm{m}$。

第八、九、十栏在第二直段上，分别距上一个栏 19m，第十栏距终点 13m。

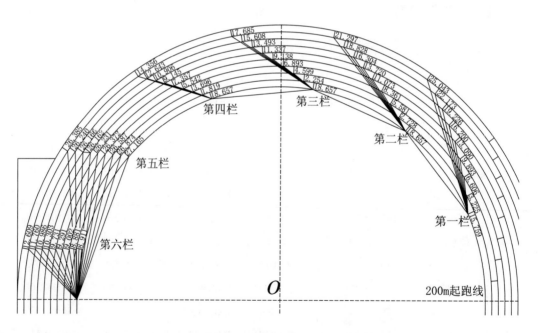

图 5.10　200m 栏点、位示意（单位：m，$r=37.898$）

第四节　径赛不分道项目的起跑线及抢道线

第一种类型：800m 跑抢道线，数据图表见表 3.14；第二种类型：10000m 起跑线，数据图表见表 3.15；第三种类型：1500m 起跑线，数据图表见表 3.16。其计算原理与第三章第四节相同，在此不再重复，数据亦可参看第三章的图表。

第六章 径赛项目点、位、线的画法

400m 标准跑道的标记可参见《手册》（图 2.2.1.6a 附件）。

所有跑道都要以白线标出，沿跑进方向的右侧分道线被计算入每道的宽度。

所有起跑线（除了弧形起跑线）和终点线都要与分道线呈直角标出。

接近终点处，跑道上要沿跑进方向标出字面高度至少为 0.50m 的数字。

所有标志线宽均为 0.05m。

所有的距离，都从终点线靠近起点线的一侧到起点线远离终点线的一边按顺时针方向丈量。

表 6.1 中所列的数字为 400m 标准跑道的起点前伸数数据（道宽 1.22m，$r=36.50$m）。

表 6.1 径赛弯道各分道跑项目起跑线的前伸数数据（单位：m）

项目	标记区	弯道数	二	三	四	五	六	七	八
200m	C	1	3.519	7.352	11.185	15.017	18.850	22.683	26.516
400m	A	2	7.038	14.703	22.368	30.034	37.700	45.365	53.011
800m	A	1	3.526	7.384	11.259	15.151	19.061	22.989	26.933
4×400m	A	3	10.564	22.087	33.627	45.185	56.761	68.353	79.963

注：表中 800m 和 4×400m 接力起跑线都有抢道线和切入差问题，有关切入差问题见第三章第四节所述。

《标准手册》第 31 页规定："所有的跑道标记均应按照'国际田联 400m 标准跑道画线图'（手册图 2.2.1.6a……）。只要不与国际比赛标记冲突，国内比赛可以增加标记。国际田联建造类型Ⅳ和以上的场地必须遵守国际田联标记和颜色要求。如果跑道面层颜色使标记不易分辨，必须向国际田联申请获准使用其他颜色。"

此新增规定提醒设计和建造者，该图是唯一的标准。所有标准田径场跑道都必须按照"世界田联 400m 标准跑道画线图"的要求进行设计、建造和画线，检查验收人员必须按照该图进行检查和验收。

《规则》第 160 条 1.注：跑道上所有由弯道到直道或由直道到弯道的分界点都应该由测量员用 50mm×50mm 的特殊颜色标记在白线上，比赛时在这些点上放置锥形物（图 6.1）。

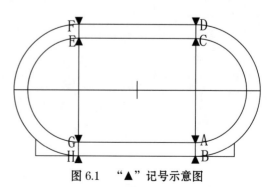

图 6.1 "▲"记号示意图

第一节　终点线位置和画法

终点线位于第一直、曲道分界线上，终点画法如图 6.2 所示。

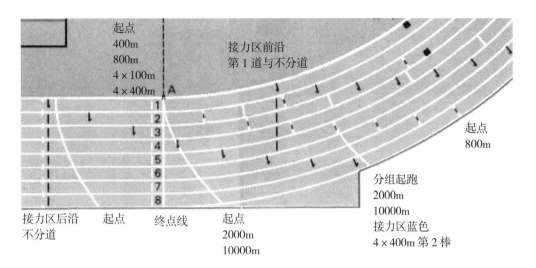

图 6.2　《标准手册》图 2.2.1.6a 终点部分（单位：m）

一、终点线的位置

径赛项目的终点一般都在田径场的第一分界线上，一般固定不变。由于各项径赛的距离不同，所以其起点的位置也不同。

二、终点线的画法

《标准手册》图 2.2.1.6a 中，终点道次号的底部对着计时台或看台，我们在画线时应严格按《标准手册》的该图画终点道次号（图 6.3）。

图 6.3　雅典、伦敦奥运会田径场地终点

《标准手册》第31页说"接近终点线处，跑道上要沿跑进方向标出字面高度至少为0.50m的数字"，并未说明道次号底部对着哪里，可是《标准手册》图2.2.1.6a中是对着计时台的（图6.1）。近几届奥运会田径比赛场地的终点道次号底部都是对着计时台的（图6.2）。笔者的理解是，数字是给计时台裁判员看的，道次号底部对着计时台比较合理。

某大运会田径场、城运会田径场，某体育中心田径场等场地道次号的底部对着起点方向（图6.4），这不太合理，应按"国际田联400m标准跑道画线图"来画。

图6.4　道次号底部错对跑进方向

三、终点距离的确认线

"国际田联400m标准跑道画线图"（图2.2.1.6a）中，继续使用一条距离确认线（1m线），增加了距离确认线的标注为0.03m，并在《标准手册》31页2.2.1.6中强调："终点线后1.00m、3.00m和5.00m处分别用30mm宽、0.80m长（2.00m处0.40m）的白线标出（非强制性）。"因此，建造以自动计时为主的一类田径场地，只画一条距离确认线（1m线）为宜；如以人工计时为主的田径场地，可按4条距离确认线测画，以便人工计时确认距离使用。

注意距离确认线给出新的具体规定：1.00m线、2.00m线和5.00m线为0.80m×0.03m，2.00m线为0.40m×0.03m（图6.5）。

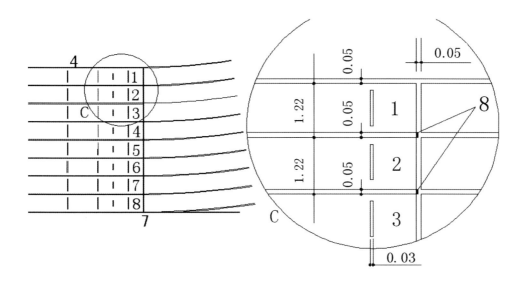

图 6.5　终点线及距离确认线（单位：m）

四、终点摄影标志点

《标准手册》31 页恢复了终点摄影标志点，并解释："为了保证摄影设备正确定标和终点摄影设备便于读取，终点线和与分道线交叉处，应以适宜设计方式漆成黑色。任何设计都必须在交叉范围内，不得越界超过 20mm，也不得延伸到终点线的前沿。"

终点摄影标志点的具体尺寸，如图 6.6 所示：黑色长方形最大为 0.05m×0.02m。

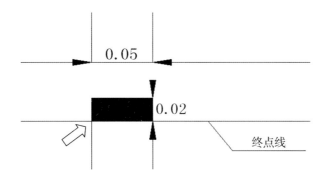

图 6.6　摄影标志点（单位：m）

第二节　直道上起跑的径赛项目标志的画法

一、起跑线位置及画法

直道上起跑的径赛项目（100m、110m 栏）一般是在第二直道上，采用分道跑，起跑线是在场地的第四分界线向北 15.611m 或 25.611m 处。起跑线是一条与终点线平行的直线（图 6.7）。

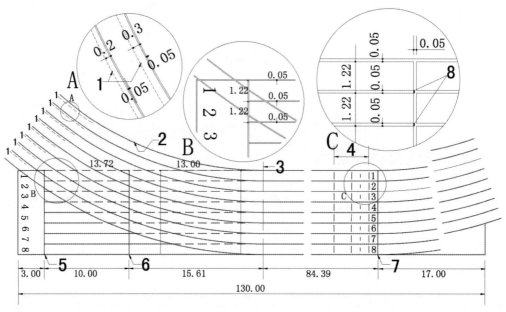

注：突沿宽度至少 0.05m，1 为椭圆跑道的测量线（实跑线），2 为跑道内沿，3 为通过半圆圆心的轴，4 为距离确定线（可选择的），5 为 110m 栏的起跑线，6 为 100m 的起跑线，7 为终点线，8 为黑色长方形最大 0.05m×0.02m。

图 6.7　400m 标准跑道内直道的标记、布局计划（单位：m）

二、直道和弯道交叉处虚线的画法

《标准手册》起点交叉的直道和弯道分道线，采用弯道的分道线为实线，直道从曲、直段至第八分道外侧分道线为虚线。

此虚线是"国际田联400m标准跑道画线图"和《标准手册》中唯一没有规定尺寸的线。现实中此处有的场地画成实线（原北京鸟巢场地），也有的场地画成虚线。

弯、直道交叉直道部分要不要画虚线，可以这么理解：奥运会田径比赛是国际最高水平的田径比赛，运动员比赛能力和水平都是比较高，因此，他们不会因不画虚线而窜道和犯规。而我们一般的运动会，运动员比赛能力没那么高，比赛时又紧张，如果此处画实线，运动员很有可能窜道和犯规。所以，国际田联《标准手册》（图2.2.1.6a）中标定：弯直道交叉直道部分画虚线。

对于虚线怎么画，《标准手册》没做规定。笔者认为，要画这些虚线，应使每条跑道虚线的各段实线部分对齐，各段虚空部分也应对齐；还应计算这些虚线的实线部分和虚空部分的长度。计算各段长度应注意两点：一是100m和110m栏的起跑线只能与虚线的实线部分相交；二是100m栏和110m栏的栏位标记点必须在直道虚线的实线处，不要放在直道虚线的虚空处。满足这两点所画的虚线都可以用。

建议：从110m栏起跑线开始，可按画实线1m，虚线0.50m，第1道跑道线画1m实线16段，间隔0.5m画虚线15节，其他各道都以此相应对齐画出（图6.8），就可满足上述要求。

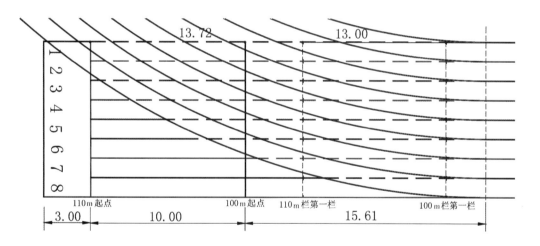

图6.8　弯道与直道交界处虚线画法示意（单位：m）

第三节　跨栏跑项目的栏架点、位和标志线的画法

各道栏架点、位标志线按 0.05m×0.10m 在各跑道线两侧画成，100m栏黄色，110m栏蓝色，400m栏绿色。

一、100m 栏、110m 栏

起点在上文已表述。栏架数、高度和位置见表 6.2，栏架点、位均在直道上，标志线画法如图 6.9 所示。

表 6.2　栏架数、高度和位置（单位：m）

项目	栏架高度	起点至第 1 栏距离	栏间距离	最后一栏至终点距离	栏架数量
男子 110m 栏	1.067	13.72	9.14	14.02	10
U20 男子 110m 栏	0.991	13.72	9.14	14.02	10
U18 男子 110m 栏	0.914	13.72	8.70	17.98	10
女子（含 U20）100m 栏	0.838	13.00	8.50	10.50	10
U18 女子 100m 栏	0.762	13.00	8.50	10.50	10
女子少年乙组 100m 栏	0.762	13.00	8.00	15.00	10
男子（含 U20）400m 栏	0.914	45.00	35.00	40.00	10
U18 男子 400m 栏	0.838	45.00	35.00	40.00	10
女子（含 U20/U18）400m 栏	0.762	45.00	35.00	40.00	10
男、少年 200m 栏	0.762	16.00	19.00	13.00	10
男、女少年乙组 300m 栏	0.914	15.00	35.00	40.00	8

1. 400m 标准跑道中 400m 栏栏架位置的前伸数见《标准手册》图 2.2.1.6a。

2. 栏架高度误差±0.003m。

3. 100m 栏和 110m 栏±0.01m；400m 栏±0.03m。

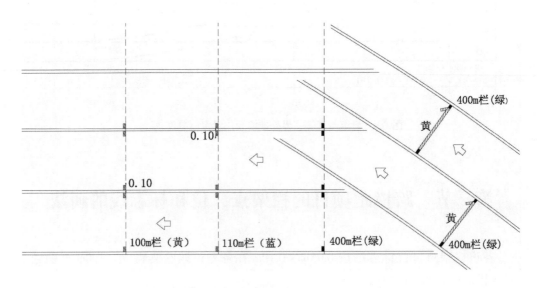

图 6.9　栏架位置画法（单位：m）

为了不使直跑道上记号太杂，男子少乙 110m 栏和女子少乙 100m 栏各栏点、位各道不画，只在直道内侧和外侧跑道线外画上 0.10m × 0.05m 半格蓝色半格白色和半格黄色半格白色的标志记号。

《规则》第 168 条第 1 规定："……放置栏架时，栏板后沿应与跑道上放置栏架的标记后沿重合。"生产厂家已按这个要求生产栏架。栏架摆放时，底座前端对齐标志线前端（图 6.10 中箭头指处），就能符合规则要求。

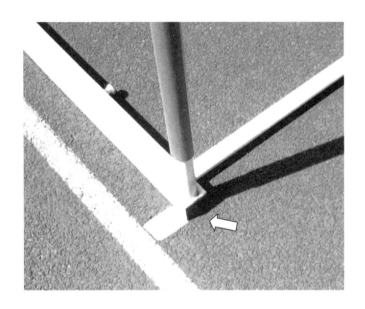

图 6.10　栏架放置示意

二、400m 栏

起跑线同 400m，各栏架点、位、线参看表 3.12 和图 3.12~ 图 3.16。

三、少年乙组男子、女子 300m 栏

起跑线同 4 × 100m 接力第一接力区标志线。比赛时用白布带临时安装，或用涂料画上，赛毕拆除或清洗。

四、少年男子、女子 200m 栏

起跑线同 200m，各栏架点、位、线参看表 3.13 和图 3.17。在各跑道上用0.10m × 0.05m 黑色做标志记号。

第四节　接力跑各接力区标志线的画法

一、4×100m 接力区的画法

4×100m 接力跑，起点同 400m 跑，各接力区后沿、标志线和前沿的画线如图 6.11 所示。所有 0.05m 宽的横线都画在点、位线之前，特别要注意前沿的画线应如图 6.12 所示，只要触线，即为越出接力区犯规。各区点、位计算和测量数据见第三章第二节"一、4×100m 接力"中的有关图表。

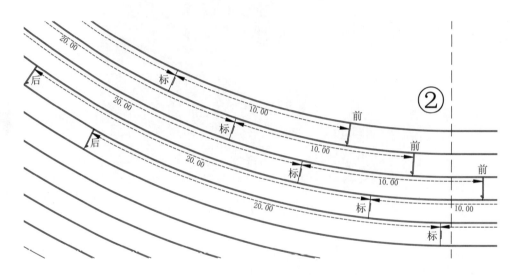

图 6.11　4×100m 接力区示意（单位：m）

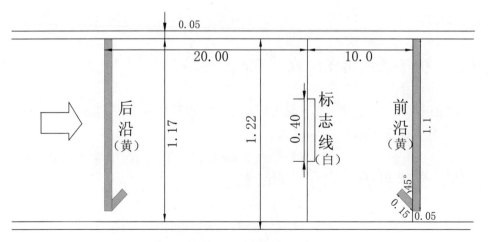

图 6.12　接力区各条标志线的位置和画法（单位：m）

各接力区前、后沿黄色的半个箭头画法如图 6.13 所示，长度 1.10m，黄色；特别应注意，前沿的箭头向后钩，箭头后边对标志；标志线为白色，0.40m×0.05m，居跑道中央。

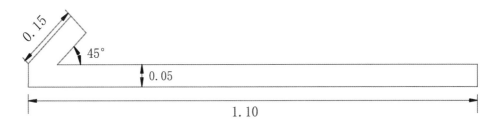

图 6.13　接力区黄色半个箭头画法（单位：m）

注：4×100m 接力区黄色箭头的长度目前有两种版本的图：其一，《标准手册》图 2.2.1.6a 中，黄色箭头长度文字说明是 0.80m；其二，中国田径协会验收手册中的附图中，黄色箭头长度是 1.10m。笔者查阅了国际田联英文版的原版图，黄色箭头长度是 1.10m。因此，笔者认为其黄色箭头长度应该是 1.10m。

二、4×400m 接力区的画法

4×400m 接力跑起跑线是一条间断的白线，中间段是一段 0.40m 的蓝线。第一接力区前、后沿箭头画法见图 6.12，长 0.80m（蓝色）。第二、三接力区第 2 道以后，各道后沿在终点线后 10.00m 处，在各道中央画 0.80m×0.05m 且平行于终点线的蓝线，各道前沿在终点线前 10.00m 处，在各道中央画 0.80m×0.05m 且平行于终点线的蓝线（只画到第 5 道）。起跑线和各接力区点、位计算和测量数据见第三章第二节"二、4×400m 接力"中的有关图表。

三、4×200m 接力区的画法

4×200m 接力跑部分分跑道跑的起跑线同 4×400m 接力跑起跑线。第一接力区在第三直、曲分界线处，前、后沿箭头画法见图 4.12，长 0.80m（蓝色）。第二接力区在第一直、曲分界线处，画法同第一接力区。第三接力区在第三直、曲分界线处，各道后沿在第三直、曲分界线后 10.00m 处，在各道中央画 0.80m×0.05m 且平行于直、曲分界线，各道前沿在第三直、曲分界线前 10.00m 处，在各道中央画 0.80m×0.05m 且平行于第三直、曲分界线的蓝线（只画到第 5 道）。

4×200m 接力跑全程分跑道跑的起跑线在第一直、曲分界线前，第一接力区在第三直、曲分界线处，第二接力区在第一直、曲分界线处，第三接力区在第三直、曲分界线处。

起跑线和各接力区点、位计算和测量数据见第三章第二节"三、4×200m 接力"中的有关图表。

《手册》第 43 页："通常，不建议在国际竞赛中使用的跑道上标记 4×200m 和异程接力线，除非这些项目在竞赛日程上……测量员可以在每条分道线或突沿线上设置每棒起跑位置的永久标记线，以便技术官员在每次接力赛前临时准确地标记每棒的起跑位置。"

四、1000m（100m-200m-300m-400m）异程接力区的画法

起跑线在第三分界线前，各道前伸数是跑两个弯道的前伸数 + 切入差。

各接力区分布和设置上文已叙述，1000m（100m-200m-300m-400m）接力区、位置与 4×100m 接力的区域相近，如果画出，可能与 4×100m 接力区各种记号线混淆，不利于运动员识别和裁判员判别。建议布置或设置起跑线和接力区时，先在跑道线上做好记号，比赛时用胶带或其他材料临时设置，以便项目比赛完后拆除或清洗。接力区点、位、线见第三章第二节"四、1000m（100m-200m-300m-400m）异程接力"中的有关图表。

五、4×800m 接力区的画法

4×800m 接力跑起跑线同 800m，为部分分道起跑。第一棒运动员跑过抢道线后可不分道而切入里道。各接力区同 4×400m 接力第三、四接力区，接力方法也相同。

六、4×1500m 接力区的画法

4×1500m 接力跑起跑线同 10000m，为不分道起跑。第一棒接力区标志线、前沿、后沿同 4×100m 第 1 道第四棒；第二棒接力区标志线、前沿、后沿同 4×100m 第 1 道第三棒；第三棒接力区标志线、前沿、后沿同 4×100m 第 1 道第二棒；第四棒跑 3 圈 +300m，直到终点。

七、1200m-400m-800m-1600m 的长距离异程接力区的画法

长距离异程接力区的画法同 4×800m 接力。

第五节 部分分道跑和完全不分道跑项目起跑线的画法

一、部分分道跑项目（800m）起跑线和抢道线的画法

800m 跑是部分分道跑，起跑线是一条间断的白线，中间段是一段 0.4m×0.05m 的绿线。

《手册》第 39 页：第一个弯道出口应标有一条 0.05m 宽的线（抢道线），穿过除第 1 道以外的所有分道，以指示运动员可以从其分道上抢道（手册图 2.2.1.6c）。为了帮助运动员识别抢道线，在每条跑道与抢道线相之前紧邻分道线上，可放置小圆锥体或棱柱体（0.05m×0.05m，高度不超过 0.15m），颜色最好与抢道线和分道线不同。

起跑线和抢道线点、位计算和测量数据见表 3.1 和表 3.17。

二、完全不分道项目起跑线的画法

完全不分道起跑主要项目有 1500m、3000m、5000m、10000m、3000m 障碍跑等，其起跑线是一条白色 0.05m 宽的渐开弧线，点、位计算和测量数据见表 3.18 和表 3.19。

1. 1500m 起跑线

1500m 起跑线是一条 0.05m 宽的白色渐开弧线。4×100m 第一接力区第 1 道的标志线有一部分与 1500m 第 1 道起跑线是重合的，如果标志线完全画出，会使 1500m 起跑弧线多出个角（图 6.14A 箭头处），不利于运动员起跑站位。

此处应以 1500m 起跑线为主画线。为了使 1500m 起跑线更好识别，建议 4×100m 第一接力区第 1 道的标志线不画线，1500m 起跑线按表 3.15 数据从第 1 道线外 0.30m 起弧画线（图 6.14B）。

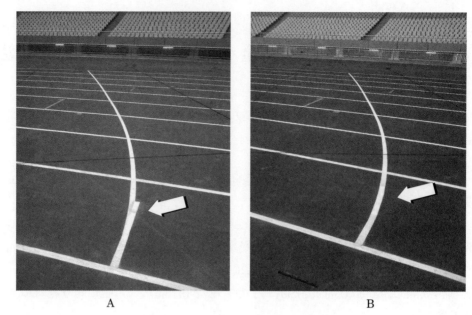

图 6.14　1500m 起跑线的画法示意

2. 3000m、5000m 和 10000m 起跑线

3000m、5000m 和 10000m 起跑线是一条白色 0.05m 宽的渐开弧线，按表 3.11 数据从第 1 道外 0.30m 处起弧。

3000m、5000m 和 10000m 第二组起跑线也是一条白色 0.05m 宽的渐开弧线，从第 5 道外 0.20m 处起弧画线。第二组起跑出发后应沿第 5 道跑道跑至弯道末端，该段跑道应按《规则》第 160 条第 1 款的规定用旗子或锥形物标出。

《手册》第 41 页译者注：根据赛事实际需求，凡是移动固定突沿的，临时放置锥体或旗子作为跑道标志物时，间隔不直过 4m；其他需要放置临时跑道标志物（第二起跑线、水池跑道等实跑线加 0.20m 的地方，间隔应大于 4m 且小于 10m）。

3000m 和 5000m 第二组起跑后至第二弯道末端与第 5 道线交点为抢道点，为 0.05m×0.05m 的特殊标记，以向外道组运动员明示他们可以从此处内切并入内道组运动员。为了帮助运动员识别这个标志点，应在紧邻标记前放置一个圆锥或旗子。第二弯道末端标志点可用 800m 抢道线第 5 分道的数据，实际上同 800m 抢道线一样，只是切取了一部分，如图 6.15 所示。

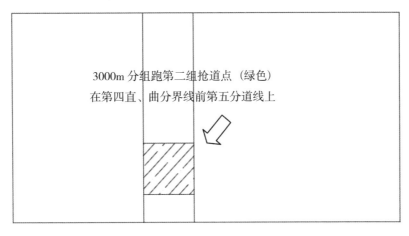

图 6.15　3000m 分组起跑抢道点示意

《规则》第 160 条第 2 款规定："如在弯道无突沿，则应在标志线外沿以外 20cm 处进行测量。"如间隔不超过 4m 放置小红旗或锥形物，那么按《规则》第 160 条第 1、2 款规定，此时外侧一半跑道长的计算半径应加 0.30m，但实际这条弯道长是以半径加 0.20m 计算的，既麻烦又不合理。因此，建议此条跑道线不放小红旗，在此跑道线每隔 4m 处喷涂 1m 的绿色线段，以示区别，从而满足比赛要求。

第六节　障碍跑起跑线、栏架、水池的设置和过渡跑道线的画法

一、起跑线的画法

起跑线位置应根据障碍水池在弯道内或弯道外，以及 2000m 或 3000m 不同项目来确定。它是不分道起跑项目，所以起跑线是一条 0.05m 宽的白色渐开弧线，可参看图 3.27、图 3.29、图 3.30、图 3.33、图 3.35 和图 3.36 画出。

二、过渡跑道线的画法及标志物的放置

画水池在弯道内的过渡跑道线时应注意：靠水池内侧的跑道线是一条连续的跑道线，水池在线外；靠水池外侧的跑道线是一条不连续的跑道线，此线被水池隔断。

水池在弯道外的过渡跑道线应以虚线画出，同样也是水池靠内侧的跑道线是一条连续的跑道线，水池在线外；靠外侧的跑道线是一条不连续的跑道线，此线被水池隔断。

《规则》第160条第1款规定："如因举行田赛项目比赛而需临时移动弯道突沿的一部分……并在白线上放置锥形物或小旗，其高度至少0.20m，间隔不超过4m……以防止运动员在白线上跑……本条款同样适用于3000m障碍赛跑中运动员从主跑道转向跨越水池所跑的那部分跑道……也可选择在直道上放置标志物，间隔不超过10m。"

《手册》第41页译者注：根据赛事实际需求，凡是移动固定突沿的，临时放置锥体或旗子作为跑道标志物时，间隔不直过4m；其他需要放置临时跑道标志物（第二起跑线、水池跑道等实跑线加0.20m的地方，间隔应大于4m且小于10m）。

三、障碍栏架记号的画法

如图6.16所示在第1分道内突沿外侧和第3分道外侧分道线内沿画上0.127m×0.127m（蓝色）记号。

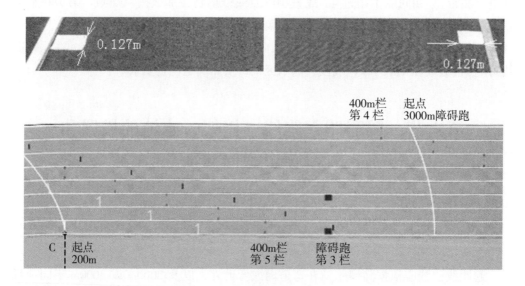

图6.16　障碍栏架位置画法

四、障碍跑水池

《手册》图2.4.4.1：障碍水池宽3.66m，长3.66m（含栏架厚度0.127m），深0.50m，如图6.17所示。

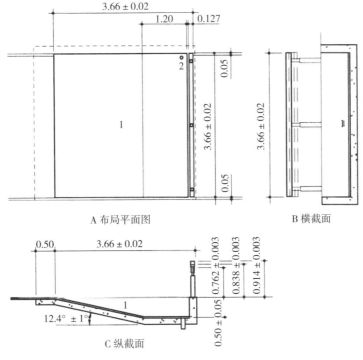

A 布局平面图　　　　　　　　B 横截面

C 纵截面

1：合成材料面层，25mm；　　2：排水管。

C 纵截面：从池的后端底部到池的斜坡直至出水池后 0.5m 处，池底铺设 25mm 厚合成跑道面层材料。

图 6.17　障碍跑跑道的障碍水池（单位：m）

　　水池下的跑道应平顺过渡到地面跑道。现实中障碍跑水池出现的某些错误应引起建造者注意：如图 6.18 所示，从水池过渡到跑道，水池地面高出过渡跑道（箭头所示）；图 6.19 则相反，水池地面低于过渡跑道（箭头所示）。以上做法都是不对的。

图 6.18　水池地面高出过渡跑道

图 6.19　水池地面低于过渡跑道

第七节　跑道上标志线的画法

跑道上各径赛项目标志线的画法如图 6.20 所示。

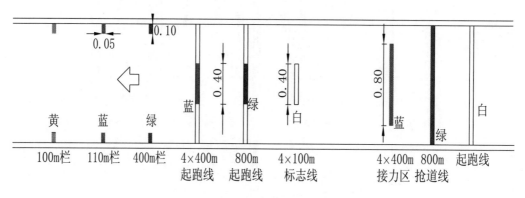

图 6.20　标志线（单位：m）

女子 100m 栏（黄色），男子 110m 栏（蓝色），男、女 400m 栏（绿色），记号为 0.10m×0.05m，画在各跑道线两端。

4×400m 接力起跑线为白色，中间段为 0.40m 蓝色的间断线。

800m 起跑线为白色，中间段为 0.40m 绿色的间断线，抢道线为绿色弧线，第 1 道不画。

标志线为 0.40m 白色，均画在跑道中间。

起跑线为白色直线或白色弧线，宽度均为 0.05m。

第七章　标准田径场布局和田赛场地
画法与设置

第一节　田径场地整体布局和田赛场地布局原则

一、田径场地整体布局

通常跑道设置 8 道（图 7.1），如有条件可设置 9 道，或直道设置 9 道、10 道。

设置方位：一般主席台设在西直道外的看台上。大型田径比赛颁奖也是比赛的一个组成部分，因此在主席台前的辅助区设置颁奖台。为了免除颁奖对比赛的干扰或中断比赛，此处就不设置其他田赛项目。

主跑道（直道）设在场地西边，终点在西南角。跑道内的中央是天然草坪的足球场；北半圆设障碍跑水池及过渡跑道、两个撑竿跳高场地、两个铅球投掷场地和一个掷标枪助跑道；南半圆设两个跳高场地，一个铁饼、链球共用投掷圈及护笼，一个掷标枪助跑道。跑道外东看台前，南北方向各设两个独立的跳远沙坑和助跑道。

二、田赛场地布局原则

现代大型田径比赛的田赛，由于参赛人数较多，一般是前一天进行分组及格赛，然后进行决赛。为了使及格赛公平合理，应该尽量使各分组同时进行比赛，要求场地条件基本一致，这就要有两个方向相同的比赛场地。在设计时，对田赛场地的布局应做全面考虑，除了长距离投掷项目（掷铁饼、掷标枪、掷链球）外，要做到跳高、跳远、三级跳远、撑竿跳高和推铅球都有两个条件一致的比赛场地，以保证运动员在及格赛中能同时在同等条件下进行比赛。

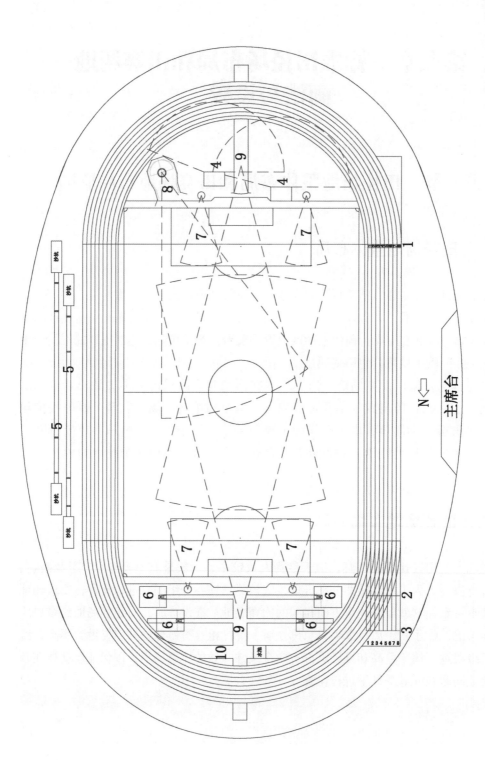

N⇐

主席台

图 7.1 标准田径场布置

注：1. 终点 2. 100 米起点 3. 110 米起点 4. 跳高 5. 跳远、三级跳远 6. 撑竿跳高 7. 推铅球 8. 掷铁饼、掷链球 9. 掷标枪 10. 障碍跑过渡跑道

第二节　跳跃项目

一、跳高项目场地线的画法

跳高场地设施包括一个半圆助跑区、一个起跳区、两个立柱、一根横杆和一个落地区。两个立柱必须间隔 4.02m ± 0.02m 放置。落地区的尺寸不小于 6.00m × 4.00m，上面覆盖一个相同尺寸的防钉鞋穿透的落地垫，高度至少 0.7m。垫子可放置在一个高 0.10m 的格栅上，以提高通风性能。助跑区面层厚 0.013m。起跳区的尺寸 10.00m × 4.00m，面层厚 0.02 米（图 7.2）。

《手册》图 2.3.3.2 助跑区域中跳高助跑区域的宽度至少应为 16.00m，长度至少应为 15.00m。对于重要国际竞赛来说，长度至少应为 25.00m，但最好更长，并且应位于跳高柱中间。

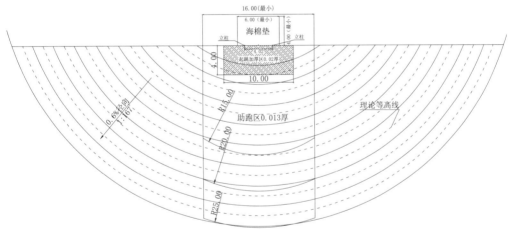

图 7.2　跳高比赛场地（单位：m）

二、跳远、三级跳远项目场地线的画法

（一）落地区（沙坑）

《标准手册》第 48 页规定："根据起跳线近端与起跳线的间距，落地区必须长 7.00 ~ 9.00m，宽至少为 2.75m……并填上一定深度的沙子，边上不少于 0.30m，中间稍微厚些。"

另外，大型比赛中及格赛或预赛时因运动员人数较多，一般需分两组同时进行。为使比赛条件基本相同又不互相干扰，需建造两个同方向又互相错开的沙坑

（图 7.3）。为了安装电动平沙器，两个沙坑左右间隔应在 0.3m 以上。如有可能，间隔再大些更好。

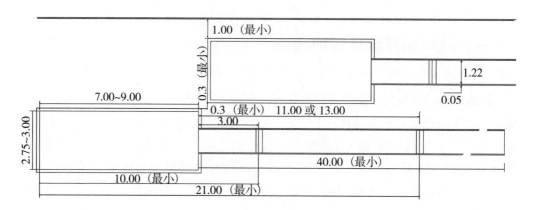

图 7.3　跳远沙坑和助跑道（单位：m）

（二）起跳板

跳远起跳板距沙坑近端 3.00m，三级跳远起跳板距沙坑近端 11.00m 或 13.00m。起跳板安放后应与助跑道在同一水平面上。起跳板中轴应与沙坑中轴重合。

起跳板是矩形的，由白色木料或其他适宜的坚硬材料制成，运动员的钉鞋可抓牢又不打滑。

起跳板长 1.22m ± 0.01m，宽 0.20m ± 0.002m，厚度不超过 0.10m。起跳板可以增大，与显示板制成一体，如图 7.4 所示。显示板宽 0.10m ± 0.002m，长 1.22m ± 0.001m，应安放在紧靠近起跳板前端的凹槽或搁板内，表面高度超出起跳板 0.007m ± 0.001m。显示板边沿应切掉，以便在填充橡皮泥时满足有关凹槽，靠近起跳线的橡皮泥表面应成 90°。建议采用与安装显示板凹槽一体化的起跳板，其宽度为 0.34m ± 0.002m，在起跳板的活动橡皮泥显示板下，应打两个 $\Phi = 0.02m$ 的小孔，以便更换起跳板时在小孔上放上铁钩，把起跳板取出。

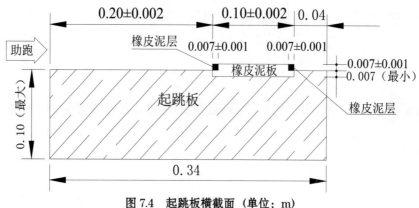

图 7.4　起跳板横截面（单位：m）

起跳板位置建议安装由防腐金属制成的安装槽，以便可以正确地设置起跳板。金属槽上口应低于跑道面层，安装槽底部应有排水功能，防止积水。不放起跳板时，应增加防腐金属盖板，上面铺上与助跑道相同的人工合成材料，这样既有利于起跳板的保养，也避免对同一条助跑道其他跳远项目使用起跳板产生干扰。

有些场地的跳远助跑道是双跑道或三跑道，往往忽视净宽 1.22m 的规定，中间应隔开 0.05m，不然安装起跳板时就要压在边线上（图 7.5），这显然是错误的。在此提醒读者注意。

图 7.5　起跳板压在边线上

（三）助跑道

《规则》第 248 页规定："助跑道长度从起跳线量至助跑道尽头至少应为 40m。在条件允许的情况下应为 45m。助跑道宽度为 1.22m（±0.01m），应用 50mm 宽的白线标出。"如考虑三级跳远 13m 板的设置，则助跑道最短距离是 58m。助跑道净宽 1.22m，两条 0.05m 的边线在助跑道以外。

三、撑竿跳高项目场地线的画法

撑竿跳高场地布置如图 7.6 所示。

129

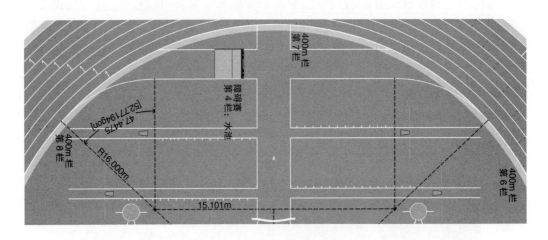

图 7.6　撑竿跳高场地布置

　　撑竿跳高设施包括助跑道、两个立柱、一根横杆、一个用于撑竿插入的插斗和一个落地区。它通常应有向两个不同方向的两套设施。

（一）助跑道

　　《标准手册》53 页规定："在助跑道尽头，插斗边沿应与助跑道齐平，尽头内边上沿与零线吻合。零线应以 0.01m 宽的白线标出，并延伸至立柱以外。"跑道至少长 40m，由其起点至零线丈量。助跑道宽 1.22m ± 0.01mm。它应以 0.05mm 宽的白线标出。零线宽为 0.01m，与助跑道中轴垂直，从插斗前壁内沿中点向两外侧各画 3.50m 长的零线，零线的后沿与插斗前壁内沿吻合（图 7.7）。助跑道表面通常与地面齐平，但起跳区助跑道应铺设成 0.20m 厚。

图 7.7　撑竿跳高插斗零线和助跑道

《手册》最新画线图（图 7.6）：撑竿跳高助跑道左侧有标记号线，从零线前 2.50m 点、位至 5.00m 点、位区间，每隔 0.50m 放置一个标志物。从 5.00m 点、位至 18.00m 点、位区间内，每隔 1.00m 放置一个标志物，直至标枪助跑道线，如果到标枪助跑道线无法放置 18.00m 点、位，那么能放几个就放几个。标志物的记号既可以是临时的，也可以是永久的。目前《手册》未明确标记号画法，根据图 7.6 建议：间隔 0.50m 的画 0.15×0.05m 记号，间隔 1.00m 的画 0.30×0.05m 记号，如图 7.8 所示。

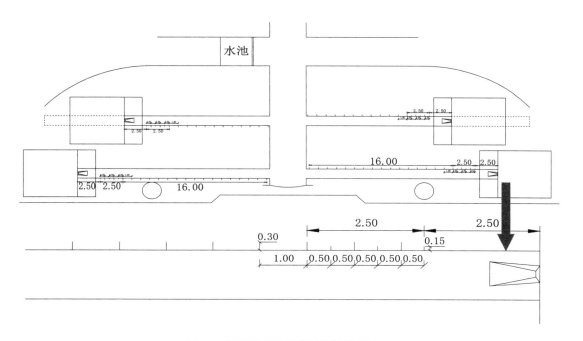

图 7.8　撑竿跳高助跑道标记线示意图

（二）插斗

通常购买成品，安装时应使插斗上面四周与地面齐平。

（三）落地区

《规则》第 246 页规定："……落地区不得小于 6m 长……×6m 宽×0.8m 高……所有比赛的前端部分长不得少于 2m。"其中有 2m 凹状斜坡垫是为插斗准备的。

"落地区边沿距离插斗应为 0.10～0.15m，从插斗方向向外倾斜约为 45°……"（图7.9）。

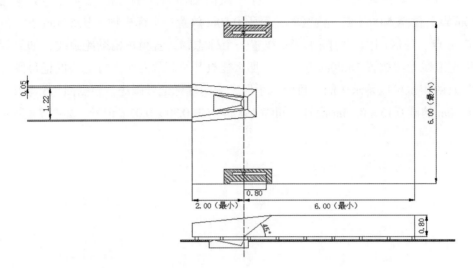

图 7.9　撑竿跳高落地区（单位：m）

　　大型比赛中及格赛或预赛时因运动员人数较多，一般需分两组同时进行。为使比赛条件基本相同又不互相干扰，需设置两个同方向又互相错开的落地区（海绵垫）。《规则》规定，落地区宽最小 6.00m，目前厂家生产的海绵垫宽 6.50～6.80m，因此设计场地时要注意使两个插斗的中心相距 7.00m 以上，这样能使两海绵垫并排错位摆放（图 7.10）。

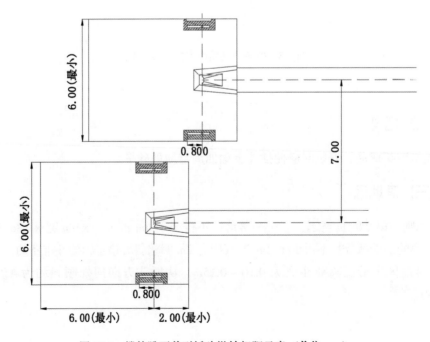

图 7.10　撑竿跳两并列插斗纵轴相距示意（单位：m）

以下是两种错误的做法，图 7.11 零线画错，不应画在插斗后；图 7.12 插斗建错，上口应与地面齐平。

图 7.11　错误做法示意图 (a)

图 7.12　错误做法示意图 (b)

第三节　投掷项目

一、推铅球项目场地线的画法

推铅球项目设施包括一个投掷圈、一个抵趾板和一个落地区。该项目通常在田径场的一端至少建造两套设施，供两组运动员在相似条件下同时比赛。

（一）铅球投掷圈的画法

铅球投掷圈及抵趾板画法如图 7.13 所示：

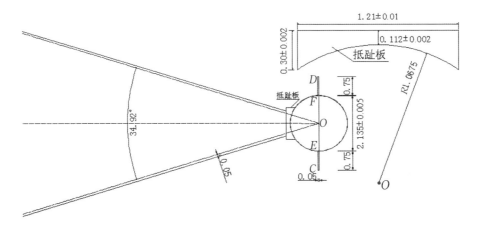

图 7.13　铅球投掷圈及抵趾板画法（单位：m）

　　投掷圈的箍由防锈的铁、钢或其他适宜材料制成，圈顶平面与外面的地面齐平。圈内区域由混凝土制成，不能导致滑动。圈内地面比圈轮边低 0.02m ± 0.006m，圈内易积水，应在投掷圈后半部设置地漏，把积水排到环沟。圈内直径为 2.135m ± 0.005m。圈箍厚度至少为 0.006m，漆成白色。丈量成绩要通过的圆心必须标出。

　　限制线画法：从金属圈顶两侧各画一条宽 0.05m，长至少 0.75m 的白线，白线后沿的延长线应能通过圆心并与落地区中心线垂直。

（二）抵趾板的安装及画法

　　抵趾板应漆成白色，由木料或其他适宜材料制成弧形，内沿应与投掷弧内沿吻合，它应安装在落地区两条白线之间的正中位置，并固定于地面。抵趾板最窄处为 0.112m ± 0.002m，内沿弧线的弦长 1.21m ± 0.01m，固定在位置上后要高出圈内地面 0.10m ± 0.002m（图 7.14）。

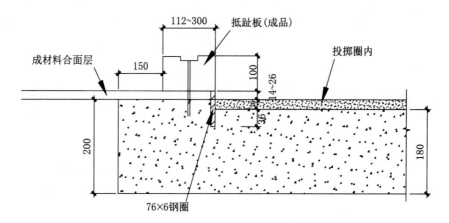

图 7.14　铅球抵趾扳安装示意图（单位：mm）

（三）落地区的画法

　　铅球落地区画法如图 7.15 所示。

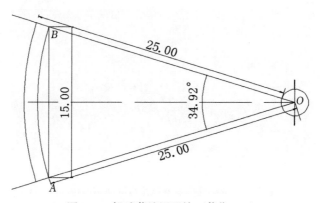

图 7.15　铅球落地区画法（单位：m）

落地区长度为 25m，如保持 34.92° 扇形角，则在 25m 处两条分界线相距为 15m，即 $AB:OA=0.6:1$。

如落地区建造在运动场半圆区内，则建议扇形落地区经投掷圈中心以 40°～45° 角铺设，比赛时按 34.92° 扇形角，并以 0.05m 宽的白线标出，线的内边是落地区的分界线。这样设置可尽量避免铅球对落地区以外地面的冲击损坏。

二、掷铁饼、掷链球项目场地线的画法

掷铁饼、掷链球项目场地落地区画法如图 7.16 所示。

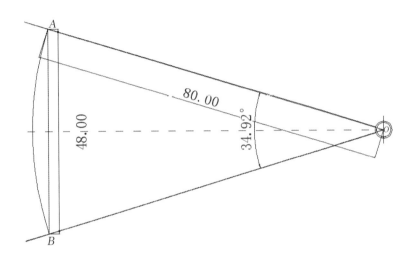

图 7.16　掷铁饼、掷链球项目场地落地区画法（单位：m）

（一）落地区的画法

国际田联《标准手册》第 56 页规定："落地区必须从投掷圈中心以 34.92° 角铺设，并以 0.05m 宽的白线标出，线的内边是落地区分界线。落地区长度为 80.00m。如果两条分界线在 80.00m 处的间距为 48.00m，就获得了 34.92° 的扇形角"（图 7.16）。

（二）投掷圈的画法

投掷圈的箍由防锈的铁、钢或其他适宜材料制成，圈顶平面与外面的地面齐平。圈内区域由混凝土制成，不能导致滑动。圈内地面比圈轮边低 0.02m+0.006m，圈内易积水，应在投掷圈后半部设置地漏，把积水排到环沟。铁饼项目投掷圈直径为 2.50m，掷链球投掷圈直径为 2.135m，掷铁饼和掷链球共用一块场地，在掷铁饼的直径为 2.50m 的投掷圈内，安放一个宽为 0.1825m 的可取出的圆环，构成直径为 2.135m 的掷链球投掷圈（图 7.17）。

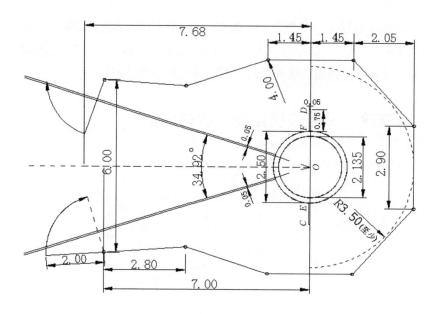

图 7.17　掷铁饼、掷链球共用投掷圈及护笼画法（单位：m）

限制线画法：从金属圈顶两侧各画一条宽 0.05m，长至少 0.75m 的白线，白线后沿的延长线应能通过圆心并与落地区中心线垂直。

（三）掷铁饼、掷链球项目场地的定位及护笼的安装

掷铁饼、掷链球项目（或掷铁饼和掷链球共用）场地的定位：《标准手册》第 72 页（图 2.6.3）中掷铁饼和掷链球共用场地的投掷圈的圆心位置是距纵轴线 24.64m，至草地边石 6.71m，距半圆横轴线 19.015m（12.305m+6.71m）。

按此设计，掷铁饼和掷链球护笼（或掷铁饼和掷链球共用场地的护笼）其前端将进入内场的草地，进入草地部分会影响足球的训练和比赛。当然也不能太靠近主跑道，否则影响跑道上的比赛。建议：调整掷铁饼和掷链球共用场地的投掷圈的圆心位置，距田径场纵轴线约为 22.90m，距田径场半圆横轴线约为 20.40m；或投掷圈的圆心和中心点连线与横轴为 41.70° 的夹角，投掷圈的圆心距田径场半圆的中心点 30.70m（图 7.18）。

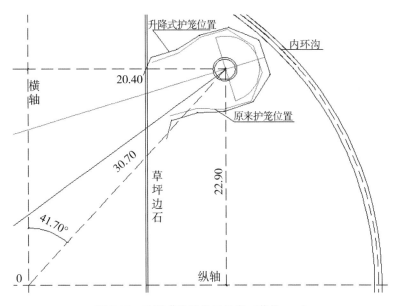

图 7.18　升降式护笼位置示意（单位：m）

掷铁饼和掷链球项目共用场地护笼的安装：图 7.16 给出基本的定位，正式比赛护笼的挡网都采用分片可升降的尼龙挂网。为避免围网挡住视线影响对其他项目的观赏，通常比赛时把网升挂起来，比赛结束再放下。尼龙挂网距圆心最小距离是3.50m，因此，预埋立柱时应留出更多空间，使之满足这个要求（图 7.19）。

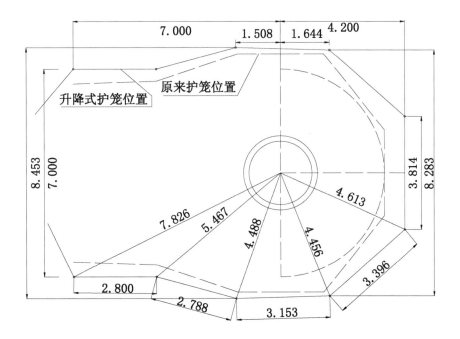

图 7.19　升降式护笼与原来护笼的安装比较（单位：m）

三、掷标枪项目场地线的画法

(一) 助跑道的画法

掷标枪助跑道在《规则》第187条第9款中规定："助跑道应不短于33.50m，条件许可时应为36.50m"（图7.20、图7.21）。

助跑道的两条边线的内沿相距4.00m，距起掷弧后4.00m，两边有两个白色0.05m×0.05m的矩形，协助裁判员判定运动员比赛结束离开助跑道，加快测量速度。

(二) 投掷弧的画法

《规则》第187条第9款规定："助跑道前端是半径为8m的一条弧线……弧线宽70mm，涂成白色，与地面齐平。"

《规则》第187条第9款规定："投掷弧两端向外各画一条白色直线……线宽至少70mm，长至少0.75m……"投掷弧限制线，此长度改为包括助跑道的边线，也就是说，应从助跑道边线的内沿垂直向外量0.75m画限制线（图7.20）。

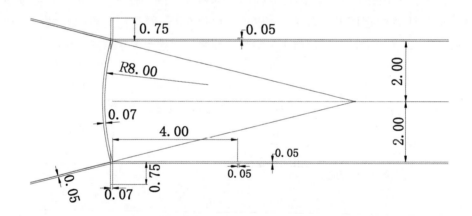

图7.20　掷标枪助跑道放大示意（单位：m）

《标准手册》第61页图2.4.3.2中的C标注投掷弧距草坪最小为0.60m。为了使运动员完成投掷后有较安全的缓冲区，建议助跑道的起掷弧顶端离草坪至少1.50m。

(三) 落地区的画法

《规则》第187条第12款（b）规定："在掷标枪项目中，用两条5cm宽的白线标出落地区，其内沿延长线，须通过投掷弧内沿与助跑道标志线内沿的交点并相交于投掷弧的圆心……落地区夹角约为28.96°。"（图7.21）

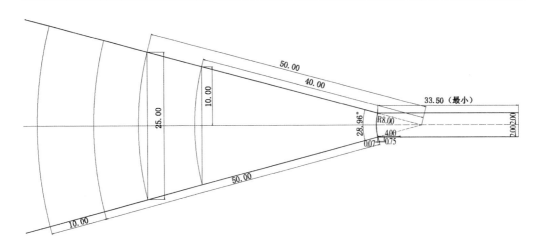

图 7.21　掷标枪助跑道和落地区（单位：m）

检查场地布置是否符合标准：一般用经纬仪或全站仪确定落地区夹角；也可用钢尺从圆心量至两边线内沿 50m，那么边线上的这两点相距 25m。

第八章　非标准田径场的计算和画法

《标准手册》规定：半径 35~38m，并装有内突沿的 400m 跑道半圆式田径场称为标准田径场，还规定新建场地的半径取 36.50m。

如果跑道是 400m，但没装有内突沿，也称非标准田径场。

除此之外的各种半径的半圆式田径场都称非标准田径场。非标准跑道是指根据运动场用地面积的形状和大小，适当地调整场地的半径和周长。

非标准田径场跑道周长的丈量，按《规则》第 160 条第 2 款规定（180 页）："应在跑道内突沿外沿以外 30cm 处测量跑道长度。如无内突沿，则应在标志线外沿以外 20cm 处进行测量。"

过去学校场地多为煤渣或泥土，多数建有内突沿，计算跑道周长时半径加 30cm。近些年随着人工合成材料跑道逐渐进入学校田径场，由于安装内突沿会形成一障碍物，不安全，同时也增加费用，所以许多学校就不再安装内突沿。可是有的设计部门不太清楚没装内突沿的相关规定，计算跑道第 1 道周长时半径仍然按加 30cm 进行设计，实际上又无内突沿，因此最大的问题是第一跑道的周长不够 400m，周长只有 399.372m，短了 0.628m，这显然是不对的。

对于跑道内突沿的问题，有人认为内突沿可安也可不安，一来避免学生来回走动造成障碍，二来可以节省经费，有人甚至提出比赛时用矿泉水瓶安放在内突沿上代替，却不知这样做会造成诸多弊病：矿泉水瓶不够稳当，一刮风或稍微碰一下就满地乱滚；即使矿泉水瓶装有沙子也不安全，运动员穿的钉鞋一不小心踩在上面，容易造成伤害事故。因此，既然是所有点、位、线均按离内道牙 30cm 测量线计算的场地，比赛时就必须安装内突沿，这样的场地才是合格的。如果不想装内突沿也可以，但在设计时，第 1 道所有点、位、线以及其他各道的点、位、线均须按离线外 20cm 测量线计算。

2012 年国家住建部制定并正式出版实施的《中小学校体育设施技术规程》再一次明确规定：如跑道未安装内突沿，则应在标志线外沿以外 20cm 处进行测量。现在修建的田径场，一般都是人工合成材料跑道，学校的田径场如不进行正规比赛，可以不安装内突沿。但只要不安装内突沿，计算第一圈周长时，半径只能加 20cm。

我国不少地区，尤其是中小学校，由于受校园空地面积限制，无法设计一个标准田径场，为了教学训练和课外活动及运动会比赛需要，只能因地制宜地建设非标准的田径场。

在设计非标准田径场地时应注意的几个问题：

第一，就地设计田径场要考虑其功能，即有利于学校的体育训练和组织比赛。

第二，如果场地不一定承担重大比赛，那么第1道可以不装道牙，计算第1道实跑线周长时，半径只加20cm。

第三，应把第1道周长取整数，如200m、250m、300m、350m、400m，这样便于测画和使用。

第四，根据地面面积和使用需求来确定分道数量和宽度，尽可能设计6~8道，道宽通常取1.22m，也可以取在0.90~1.22m。不同的道宽其前伸数是不一样的。

第五，为了安全，要根据场地周围条件留有至少1.00m的余地。要设计一个非标准田径场，首先要实地丈量空地面积，根据场地的长度和宽度求出跑道弯道的半径，计算两端弯道的长度，然后求出直段的长度，初步计算跑道的周长，并根据设计要求调整直段长度，画出设计图。

第一节　半圆式400m田径场

笔者在验收检查部分田径场时发现，很多场地半径设计的是36.50m，但都没有安装内突沿，以致出现了下面情况。

该场地是达不到400m的，因此必须重新进行调整设计，办法有两种：一种办法是第1道半径不变，仍然取36.50m，但要加长直段，使之达到84.704m；另一种办法是直段长不变，取84.389m，原第1道半径增加0.10m，即取36.50m+0.10m。但无论哪种方法，所有的点、位都要重新计算。

如果原设计将建筑半径定为36.50m，道宽1.22m，8跑道，不修建内突沿，地基已经完工，那么最简单的修正方法是安装内突沿，或者在第8道外，还留有安全区，画线时可将第1道的半径改为36.60m，跑道整体外移0.10m，所有的点、位必须重新计算。

一、设计并计算半径为36.60m半圆式400m田径场的点、位、线

（一）第1道的周长

根据《规则》第160条第2款关于"如无内突沿，则应在标志线外沿以外20cm处进行测量"的规定，第1道 $= 2\pi(36.60m + 0.2m) + 2 \times 84.389m = 400m$。

（二）前伸数

由于直段是固定不变的，各道圆周随半径增大而变化，其前伸数公式也与之前不同。400m 跑两个弯道，那么前伸数：

第 1 道两个半圆长 $= 2\pi\ (r+0.2)$

第 n 道两个半圆长 $= 2\pi\ [r+(n-1)\ d+0.2]$

第 n 道的前伸数 $= 2\pi\ [r+(n-1)\ d+0.2] - 2\pi\ (r+0.2) = 2\pi\ (n-1)\ d$（公式 8.1）

根据公式 8.1，同样发现前伸数与弯道半径无关，与道次 n 和跑道宽 d 有关，还与全程跑几个弯道有一定关系。通常 200m（跑一个弯道）、400m（跑两个弯道）等，根据跑 n 个弯道来求不同的前伸数。

求一个弯道实跑线前伸数：$C_n = \pi\ (n-1)\ d$　　　　（200m）

　　　　　　　　　　　　$C_n = \pi\ (n-1)\ d +$ 切入差　　（800m）

求两个弯道实跑线前伸数：$C_n = 2\pi\ (n-1)\ d$　　　　（400m）

求三个弯道实跑线前伸数：$C_n = 3\pi\ (n-1)\ d$

　　　　　　　　　　　　$C_n = 3\pi\ (n-1)\ d +$ 切入差　　（4×400m 接力）

（三）单位前伸数值

当第 1 道向前移动一定距离时，其他各外道前伸数是有变化的，其前伸数为：单位前伸数值 = 某外道的前伸数 / 第 1 道弯道总长，即

$$M_n = \frac{2\pi\ [r+(n-1)\ d+0.2]\ -2\pi\ (r+0.2)}{2\pi\ (r+0.2)}$$

化简整理后，单位前伸数值 $M_n = \dfrac{(n-1)\ d}{r+0.2}$　　　　　　　　　　　　（公式 8.2）

各分道单位前伸数值 M_n 和 K_n 对照如表 8.1 所示。

表 8.1　各分道单位前伸数值 M_n 和 K_n 对照表

道次	M_n 单位前伸数值	K_n
1	0	1.556950530
2	0.033152174	1.506990518
3	0.066304348	1.460137093
4	0.099456522	1.416109232
5	0.132608696	1.374658817
6	0.165760870	1.335565956
7	0.198913043	1.298635075
8	0.232065217	1.263691652

知道了单位前伸数值，就能求得单位前伸数，即求得由两个半径（r 和 R）的夹角所对的放射点所在道次的弧长。

(四) 测量角度

求弯道上各道实跑线一定弧长所对的角度。各道实跑线每米所对的角度，其公式为 $K_n = \dfrac{360°}{2\pi \cdot r}$

第 1 道弯道实跑线每米所对的角度为 $K_1 = \dfrac{360°}{2\pi \ (r+0.2)}$

第 2 道和以后各道实跑线每米所对的角度为 $K_n = \dfrac{360°}{2\pi \ [r+(n-1) \ d+0.2]}$

其中 r 表示某弯道的半径，n 表示除第 1 道以外的各分道数，d 表示分道宽，K_n 表示各条弯道实跑线每米所对的角度（表 8.1）。

二、计算前伸数、测量角度和放射线

有了上述那些基本元素，就可以运用上文介绍的知识计算出前伸数、放射线长、测量角度等所需要的点、位。为了方便读者使用，这里将计算机处理的有关数据列出如下文图、表所示。

(一) 弯道上的径赛项目起跑线数据

弯道上的径赛项目起跑线数据如表 8.2 所示。

表 8.2 400m 径赛弯道项目起跑线放射线及测量角数据（单位：m，$r=36.60$）

道次	200m 起跑线		400m 起跑线		800m 起跑线	
	放射线	测量角（O_2）	放射线	测量角（O_1）	放射线	测量角（O_1）
1	0	180°00′00″	0	180°00′00″	0	180°00′00″
2	3.943	174°13′27″	7.587	168°26′53″	3.951	174°12′39″
3	7.766	168°48′26″	14.876	157°36′53″	7.798	168°45′22″
4	11.472	163°43′02″	21.834	147°26′04″	11.542	163°36′20″
5	15.064	158°55′31″	28.443	137°51′01″	15.185	158°43′57″
6	18.545	154°24′20″	34.696	128°48′40″	18.730	154°06′50″
7	21.920	150°08′10″	40.594	120°16′19″	22.18	149°43′41″
8	25.194	146°05′46″	46.142	112°11′32″	25.539	145°33′24″
9	28.371	142°16′05″	51.352	104°32′10″	28.809	141°34′57″

（二）4×100m 接力各接力区点、位、线

4×100m 接力各接力区点、位、线如表 8.3~ 表 8.5 和图 8.1~ 图 8.4 所示。

表 8.3 4×100m 接力第一接力区点、位、线数据（单位：m，r=36.60）

道次	后沿		
	前伸数	放射线	测量角（O_1）
1	35.611	②↓34.051	55°26′38″
2	5.013	↑ 5.052	47°53′20″
3	10.027	↑ 9.937	40°48′13″
4	15.040	↑14.652	34°08′45″
5	20.053	↑19.197	27°52′39″
6	25.067	↑23.575	21°57′57″
7	30.080	↑27.790	16°22′52″
8	35.093	↑31.847	11°05′49″

道次	标志线			前沿		
	前伸数	放射线	测量角（O_1）	前伸数	放射线	测量角（O_1）
1	15.611	②↓15.410	24°18′18″	5.611	②↓5.575	08°44′08″
2	4.350	↑ 4.426	17°44′57″	4.019	②↓2.125	02°40′45″
3	8.701	↑ 8.713	11°36′03″	②↑ 2.055		
4	13.051	↑12.860	05°49′25″	②↑ 5.888		
5	17.401	↑16.870	00°23′04″	②↑ 9.720	各道从第②分界线	
6	②↑ 3.553			②↑13.553	向前垂直丈量	
7	②↑ 7.386	各道从第②分界线		②↑17.386		
8	②↑11.219	向前垂直丈量		②↑21.219		

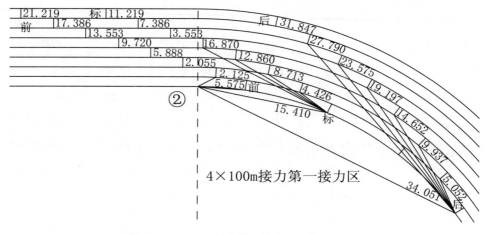

图 8.1 4×100m 接力第一接力区（单位：m）

表 8.4　4×100m 接力第二接力区点、位、线数据（单位：m，r=36.60）

道次	后沿		
	前伸数	放射线	测量角(O_2)
1	③↓20.000		
2	③↓16.167		
3	③↓12.335	各道从第③分界线向	
4	③↓8.502	后垂直丈量	
5	③↓4.669		
6	③↓0.836		
7	2.996	③↑7.810	176°06′31″
8	6.829	③↑10.504	171°22′12″

道次	标志线			前沿		
	前伸数	放射线	测量角(O_2)	前伸数	放射线	测量角(O_2)
1	0	0	180°00′00″	10.000	③↑9.915	164°25′50″
2	3.833	③↑3.943	174°13′27″	3.501	↑3.636	159°09′15″
3	7.665	③↑7.766	168°48′26″	7.002	↑7.165	154°12′21″
4	11.498	③↑11.472	163°43′02″	10.504	↑10.590	149°33′22″
5	15.331	③↑15.064	158°55′31″	14.005	↑13.914	145°10′43″
6	19.164	③↑18.545	154°24′20″	17.506	↑17.142	141°03′00″
7	22.996	③↑21.920	150°08′10″	21.007	↑20.278	137°08′59″
8	26.829	③↑25.194	146°05′46″	24.509	↑23.325	133°27′33″

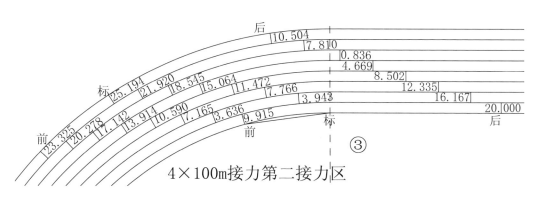

图 8.2　4×100m 接力第二接力区（单位：m）

表 8.5　4×100m 接力第三接力区点、位、线数据（单位：m，r=36.60）

道次	后沿		
	前伸数	放射线	测量角(O_2)
1	35.611	④↓34.051	55°26′38″
2	1.181	↑ 1.680	53°39′53″
3	2.361	↑ 3.335	51°59′47″
4	3.542	↑ 4.968	50°25′43″
5	4.722	↑ 6.579	48°57′09″
6	5.903	↑ 8.170	47°33′37″
7	7.083	↑ 9.743	46°14′43″
8	8.264	↑11.299	45°00′03″

道次	标志线			前沿		
	前伸数	放射线	测量角(O_2)	前伸数	放射线	测量角(O_2)
1	15.611	④↓15.410	24°18′18″	5.611	④↓5.575	08°44′08″
2	15.611	④↓15.218	23°31′30″	5.611	④↓5.619	08°27′18″
3	15.611	④↓15.137	22°47′37″	5.611	④↓5.926	08°11′32″
4	15.611	④↓15.167	22°06′23″	5.611	④↓6.456	07°56′43″
5	15.611	④↓15.307	21°27′33″	5.611	④↓7.161	07°42′46″
6	15.611	④↓15.552	20°50′56″	5.611	④↓7.993	07°29′36″
7	15.611	④↓15.898	20°16′21″	5.611	④↓8.919	07°17′10″
8	15.611	④↓16.336	19°43′37″	5.611	④↓9.909	07°05′24″

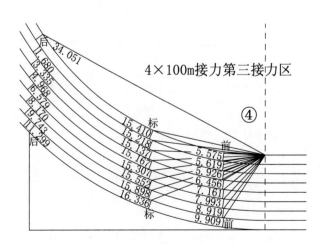

图 8.3　4×100m 接力第三接力区（单位：m）

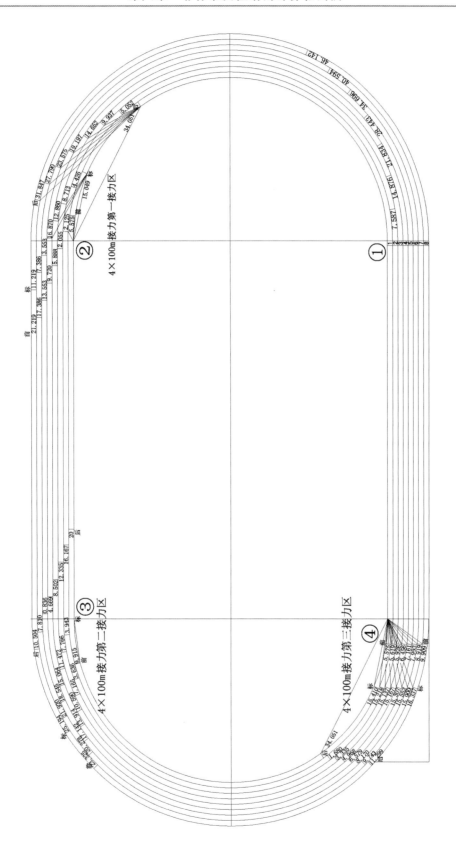

图 8.4　4×100m 接力各接力区点、位、线示意（单位：m，*r*=36.60）

（三）400m 栏各栏的点、位、线

400m 栏各栏的点、位、线如表 8.6 和图 8.5~ 图 8.9 所示：

表 8.6　400m 栏各道点、位、线数据（单位：m，$r=36.60$）

道次	第一栏			第二栏		
	前伸数	放射线	测量角（O_1）	前伸数	放射线	测量角（O_1）
1	45.000	①↑42.019	109°56′14″	35.611	②↓34.051	55°26′38″
2	6.174	↑ 6.157	100°38′01″	5.013	↑ 5.052	47°53′20″
3	12.347	↑12.094	91°54′31″	10.027	↑ 9.937	40°48′13″
4	18.521	↑17.799	83°42′35″	15.040	↑14.652	34°08′45″
5	24.695	↑23.267	75°59′26″	20.053	↑19.197	27°52′39″
6	30.868	↑28.496	68°42′39″	25.067	↑23.575	21°57′57″
7	37.042	↑33.491	61°50′00″	30.080	↑27.790	16°22′52″
8	43.215	↑38.257	55°19′34″	35.093	↑31.847	11°05′49″

第三栏第 1 道放射线②↓0.672m，测量角 0°57′2″；第 2 道在直道上，②↑3.222m；第 3 道至第 8 道，在第 2 道前各递增 3.833m；第四栏各道以第三栏为基础向前 35m

道次	第五栏			第六栏		
	前伸数	放射线	测量角（O_2）	前伸数	放射线	测量角（O_2）
1	②↓**15.000**			20.000	②↑19.647	148°51′40″
2	②↓**11.167**	各道从第②分界线向		3.170	↑ 3.332	144°05′03″
3	②↓ **7.335**	后垂直丈量		6.339	↑ 6.570	139°36′17″
4	②↓ **3.502**			9.509	↑ 9.717	135°23′42″
5	0.331	②↑ 4.890	179°32′42″	12.679	↑12.776	131°25′55″
6	4.164	②↑ 7.206	174°26′21″	15.848	↑15.751	127°41′39″
7	7.996	②↑10.307	169°36′56″	19.018	↑18.646	124°09′48″
8	11.829	②↑13.592	165°03′06″	22.188	↑21.465	120°49′20″

道次	第七栏			第八栏		
	前伸数	放射线	测量角(O_2)	前伸数	放射线	测量角(O_2)
1	35.000	六↑33.513	94°22′04″	25.611	④↓24.960	39°52′28″
2	2.009	↑　2.314	91°20′23″	0.849	↑　1.476	38°35′42″
3	4.019	↑　4.575	88°29′59″	1.698	↑　2.938	37°23′42″
4	6.028	↑　6.786	85°49′52″	2.547	↑　4.386	36°16′03″
5	8.037	↑　8.950	83°19′08″	3.396	↑　5.821	35°12′21″
6	10.047	↑11.069	80°56′58″	4.245	↑　7.246	34°12′17″
7	12.056	↑13.148	78°42′40″	5.094	↑　8.660	33°15′32″
8	14.066	↑15.188	76°35′35″	5.943	↑10.064	32°21′50″

第七栏距第六栏 35m，"六↑33.513m"表示第七栏基准点距第六栏放射距离 33.513m。

第九栏和第十栏在第二直道上，从终点线向后丈量 75m 和 40m

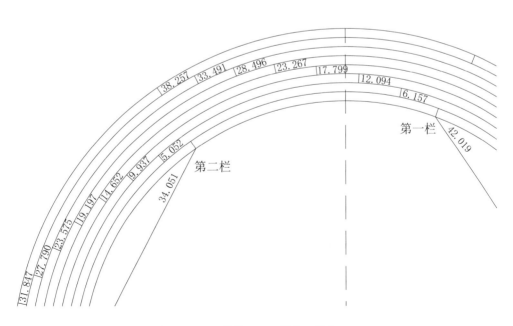

图 8.5　400m 栏第一、二栏位（单位：m）

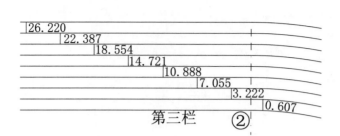

图8.6　400m栏第三栏位（单位：m）

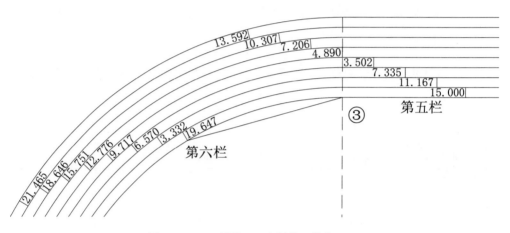

图8.7　400m栏第五、六栏位（单位：m）

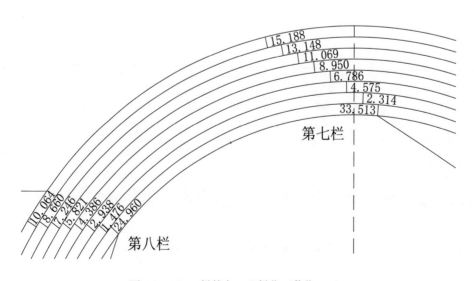

图8.8　400m栏第七、八栏位（单位：m）

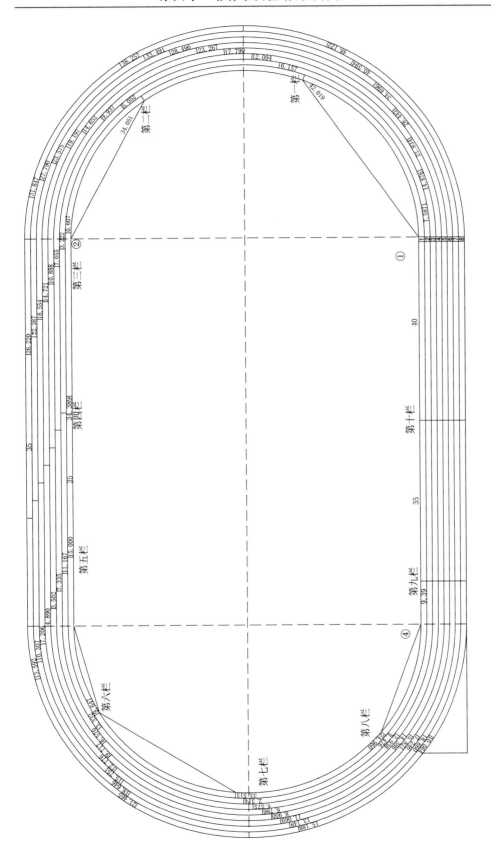

图 8.9　400m 栏点、位、线示意（单位：m，*r*＝36.60)

(四) 4×400m 接力各接力区的点、位、线

4×400m 接力起跑线和第一接力区点、位、线数据如表 8.7 所示，还可参看图 8.4 和图 8.5。

表 8.7　4×400m 接力起跑线和第一接力区点、位、线数据（单位：m，$r=36.60$）

道次	起跑线		后沿		前沿	
	放射线	测量角（O_1）	放射线	测量角（O_1）	放射线	测量角（O_1）
1	0	180°00′00″	①↓10.000		①↑ 9.915	164°25′50″
2	①↑11.284	162°39′32″	①↓ 6.158		↑ 3.644	159°08′27″
3	①↑22.005	146°22′15″	①↓ 2.299		↑ 7.197	154°09′17″
4	①↑32.023	131°02′24″	①↑ 3.954	177°46′00″	↑10.660	149°26′40″
5	①↑41.248	116°34′58″	①↑ 7.066	172°28′45″	↑14.035	144°59′10″
6	①↑49.636	102°55′30″	①↑10.567	167°28′10″	↑17.327	140°45′29″
7	①↑57.171	90°00′00″	①↑14.099	162°42′52″	↑20.536	136°44′30″
8	①↑63.862	77°44′56″	①↑17.589	158°11′36″	↑23.668	132°55′11″

(五) 1500m、10000m 起跑线的放射线及 800m 切入差

1500m、10000m 起跑线的放射线及 800m 切入差和抢道线数据如表 8.8 所示。

表 8.8　1500m、10000m 起跑线的放射线及 800m 切入差和抢道线数据（单位：m）

道次	1500m 放射线	800m 切入差	800m 抢道线	10000m 放射线	10000m 第二组放射线
1	②↓15.410	0	0	0	
2	②↓15.556	0.0088	0.0062	①↑ 1.231	
3	②↓15.597	0.0351	0.0296	①↑ 2.495	
4	②↓15.614	0.0789	0.0705	①↑ 3.795	
5	②↓15.683	0.1400	0.1288	①↑ 5.129	①↑15.185
6	②↓15.846	0.2185	0.2044	①↑ 6.497	↑ 1.229
7	②↓16.101	0.3142	0.2973	①↑ 7.899	↑ 2.489
8	②↓16.442	0.4270	0.4073	①↑ 9.334	↑ 3.779
9	②↓16.865	0.5570	0.5345	①↑10.802	↑ 5.101

第二节 周长 350m 半圆式田径场

设有一块空地长 157m，宽 81m，拟设计一个 6 条跑道、道宽 1.22m、不安装内突沿的 350m 跑道，应如何设计和计算？其步骤如下。

第一，确定半径

首先要知道这块空地可以修建一个多大的田径场，为此，要计算出这块空地能为即将修建的田径场提供多长的半径，然后根据这个半径，计算出两个半圆的弧长，再加上两个直段的长度，便知道这个田径场的周长。

半径等于空地宽减去两侧的余地和两侧跑道的总宽，再减去两条跑道宽（在此预留，试看有无可能使直道建成 8 道），然后除以 2，即：

半径 = ［空地宽 − 2 × (跑道总宽 + 余地) − 2 × 1.22］÷ 2

设余地为 1.00m。代入公式：半径 = ［81 − 2 × (6 × 1.22 + 1.00) − 2.44］÷ 2

$$= (81 − 16.64 − 2.44) ÷ 2$$

$$= 30.96m$$

为了便于计算，取 30.50m。

第二，确定直段

直段长等于空地长减两端弯道半径、两端弯道的跑道总宽和应留的余地。实际上也就是直段长等于场地总长减去场地总宽度。

即：直段长 = 空地长 − 2 × (半径 + 跑道总宽 + 余地)

$$= 157 − 2 × (30.50 + 7.32 + 1.00)$$

$$= 157 − 2 × 38.820$$

$$= 79.36m$$

知道了半径和直段，就可以算出在这块空地上所修建的田径场的周长了。因本场地不装内突沿，计算半径 $(r + 0.2)$ m。

先计算弯道长：一个弯道长 = π·r

$$= π (30.50 + 0.2)$$

$$= 96.447m$$

计算直段长 = 350 ÷ 2 − 96.447 = 78.553m。

原计算的直段长是 79.36m，比现在计算的直段长 79.36 − 78.553 = 0.807m。

另外，由于空地宽度在设计时预留 2 × 1.22m，正好是两条跑道宽度，因此直道可做成 8 条跑道。

第三，验证第 1 道周长

第 1 道周长 $= 2 \times (96.447 + 78.553) = 350 \text{m}$。

第四，计算并画出径赛项目点、位、线

各径赛项目点、位、线计算和画法：终点选择在第一分界线上。

1. 100m 起点

在第四分界线后 $100 - 78.553 = 21.447 \text{m}$ 处。110m 跨栏的起点同 100m 起点，终点设在终点线前 10m 处。

2. 200m 分道跑的起跑线

（1）前伸数计算

200m 跑需跑一个弯道，因本场地不装内突沿，故第 2 道至第 6 道的前伸数计算公式为：$C_n = \pi \left[(n-1) \times 1.22 \right]$ （n 为第 1 道以外的道次）。

200m 跑各道的前伸数数据如表 8.9 所示。

表 8.9　200m 跑各道的前伸数数据（单位：m）

计算指标	一道	二道	三道	四道	五道	六道
前伸数	0	3.833	7.665	11.498	15.331	19.164

（2）起跑线画法（在直段上按前伸数值直接丈量）

由第三分界线向后量取 25m，得第 1 道起点 A，延长第 1 道起点线到第 6 道外沿 B 得线段 AB，再由 AB 向前分别垂直量取各道前伸数（见表 8.9），则得各道起跑线。

3. 400m 分道跑的起跑线

（1）前伸数计算

400m 跑需跑两个弯道，因本场地不装内突沿，故第 2 道至第 6 道的前伸数计算公式为：$C_n = 2\pi \left[(n-1) \times 1.22 \right]$ （n 为第 1 道以外的道次）。

400m 跑各道的前伸数数据如表 8.10 所示。

表 8.10　400m 跑各道的前伸数数据（单位：m）

计算指标	一道	二道	三道	四道	五道	六道
前伸数	0	7.665	15.331	22.996	30.662	38.327

（2）起跑线画法（在直段上按前伸数值直接丈量）

第 1 道起点在终点线后 50m 处，得第 1 道起点 C，延长第 1 道起点线到第 6 道外沿 D 得线段 CD，再由 CD 向前分别垂直量取各道前伸数（表 8.10），则得各道起跑线。

4. 800m 起跑线

800m 跑为不分道跑，其起跑线是一条渐开弧线，关于渐开弧线的理论可参见第三章第四节。

800m 跑在本场地要跑（$2 \times 350 + 100$）m，因此，第 1 道同 100m 起跑线，再根据各道垂直丈量法数据，由 100m 起跑线向前分别垂直量取各跑道线的点、位，依次连接各点，则得各道起跑线，其垂直丈量法的数据如表 8.11 所示。

表 8.11　800m 起跑线垂直丈量法的数据（单位：m）

计算指标	一道	二道	三道	四道	五道	六道	七道	八道	九道
丈量数据	0	0.005	0.025	0.060	0.109	0.173	0.252	0.346	0.454

5. 1500m 起跑线

1500m 跑为不分道跑，在本场地要跑（$4 \times 350 + 100$）m，起跑线画法同 800m 起跑线。

6. 3000m 起跑线

3000m 跑为不分道跑，起跑线是一条渐开弧线。在本场地要跑（$8 \times 350 + 200$）m，第 1 道起跑线在 200m 起点处，延长第 1 道起跑线并与各跑道线垂直得 AB，再根据各道垂直丈量法得出的数据，由 AB 向前分别垂直量取各跑道线的点、位，依次连接各点，则得各道起跑线，其垂直丈量法取得的数据如表 8.12 所示。

表 8.12　3000m 起跑线垂直丈量法的数据（单位：m）

计算指标	一道	二道	三道	四道	五道	六道	七道
丈量数据	0	0.0205	0.0971	0.2283	0.4122	0.6476	0.9337

7. 5000m 起跑线

5000m 跑为不分道跑，在本场地要跑（$14 \times 350 + 100$）m，即跑 14 圈加 100m。起跑线画法同 800m。

8. 10000m 起跑线

10000m 跑为不分道跑，在本场地要跑（28×350+200）m，即跑 28 圈加 200m。起跑线画法同 3000m。

9. 4×100m 接力区

4×100m 接力起跑线同 400m。

各接力区随第 1 道位置变化，其他各道前伸数也要变化，这里就要用单位前伸数和各道每米所对的角度来解决计算问题。有关单位前伸数理论前文已做说明，各道单位前伸数值计算公式为：$M_n = \dfrac{(n-1)d}{r+0.2}$。各道单位前伸数值 M_n 和各道 K_n 如表 8.13 所示。

表 8.13　各道单位前伸数值 M_n 和各道 K_n 角

计算指标	一道	二道	三道	四道	五道	六道	七道
M_n	0	0.03974	0.07948	0.11922	0.15896	0.19870	0.23844
K_n	1.86631	1.79498	1.72890	1.66751	1.61034	1.55695	1.50699

（1）第一接力区

第一接力区的后沿、标志线、前沿都在第一分界线前的弯道上。第 1 道后沿在第一分界线前的弯道上距第一分界线 30m，其他各道如表 8.14 和图 8.10 所示。

表 8.14　4×100m 接力第一接力区点、位、线数据（单位：m，r＝30.50）

道次	后沿		
	前伸数	放射线	测量角（O_1）
1	① 30.000	①↑28.633	124°00′38″
2	6.473	↑ 6.414	112°23′28″
3	12.947	↑12.544	101°37′38″
4	19.420	↑18.370	91°37′40″
5	25.893	↑23.886	82°18′50″
6	32.367	↑29.094	73°37′03″

道次	标志线			前沿		
	前伸数	放射线	测量角（O_1）	前伸数	放射线	测量角（O_1）
1	后↑10.000	后↑ 9.891	95°09′17″	标↑10.000	标↑9.891	76°29′30″
2	5.679	↑ 5.659	84°57′43″	5.281	↑ 5.283	67°00′43″
3	11.357	↑11.081	75°31′10″	10.562	↑10.351	58°13′50″
4	17.036	↑16.257	66°44′52″	15.843	↑15.199	50°04′21″
5	22.714	↑21.186	58°34′39″	21.124	↑19.828	42°28′27″
6	28.393	↑25.873	50°56′56″	26.406	↑24.243	35°22′46″

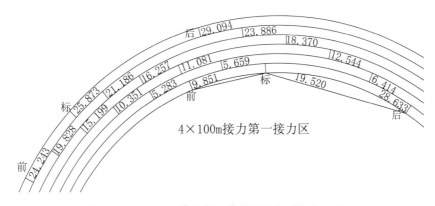

图 8.10 4×100m 接力第一接力区示意（单位：m）

（2）第二接力区

第二接力区在第一直段上，标志线同 200m 起跑线，各道后沿是在标志线向后 20m 处，各道前沿是在标志线向前 10m 处。其他各道如图 8.11 所示。

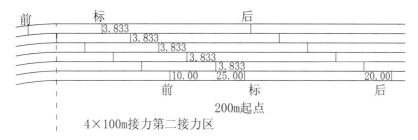

图 8.11 4×100m 接力第二接力区示意（单位：m）

（3）第三接力区

第三接力区的后沿、标志线、前沿都在第四分界线后的弯道上。

第 1 道，前沿在第四分界线后的弯道上距第四分界线 11.447m 处，标志线在第四分界线后的弯道上距第四分界线 21.447m 处，后沿距标志线 20m 处。其他各道如表 8.15 和图 8.12 所示。

表 8.15 4×100m 接力第三接力区点、位、线数据（单位：m，r = 30.50）

道次	后沿		
	前伸数	放射线	测量角（O_2）
1	标↓20.000	标↓19.520	77°21′10″
2	1.647	↑ 2.016	74°23′47″
3	3.294	↑ 3.984	71°39′27″
4	4.941	↑ 5.908	69°06′48″
5	6.588	↑ 7.792	66°44′36″
6	8.235	↑ 9.638	64°31′51″

（续表）

道次	标志线			前沿		
	前伸数	放射线	测量角(O_2)	前伸数	放射线	测量角(O_2)
1	21.447	④↓20.877	40°01′36″	11.447	④↓11.307	21°21′49″
2	21.447	④↓20.544	38°29′48″	11.447	④↓11.161	20°32′49″
3	21.447	④↓20.304	37°04′46″	11.447	④↓11.164	19°47′26″
4	21.447	④↓20.157	35°45′47″	11.447	④↓11.312	19°05′16″
5	21.447	④↓20.104	34°32′12″	11.447	④↓11.599	18°26′00″
6	21.447	④↓20.143	33°23′30″	11.447	④↓12.015	17°49′20″

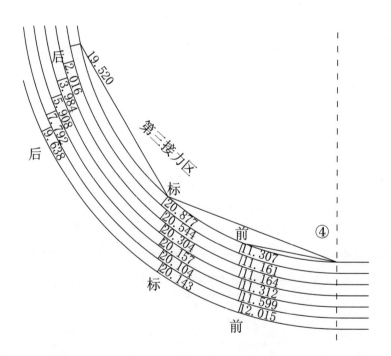

图8.12 4×100m接力第三接力区示意（单位：m）

4×100m各接力区点、位、线示意如图8.13所示。

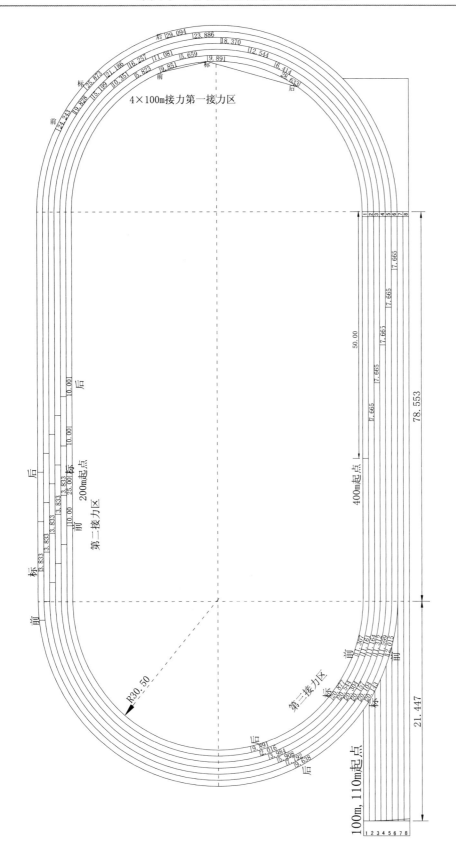

图 8.13　4×100m 接力区点、位、线示意（单位：m，*r*=30.50）

10. 400m 栏

400m 栏的起跑线同 400m 跑。各栏架设置点、位、线如表 8.16 和图 8.14 ~ 图 8.18 所示。

表 8.16 400m 栏各栏点、位、线数据（单位：m，$r=30.50$）

道次	第一栏			第二栏		
	前伸数	放射线	测量角(O_1)	前伸数	放射线	测量角(O_1)
1	①↓5.000			① 30.000	①↑28.633	124°00′38″
2	2.665	①↑2.869	175°12′56″	6.473	↑6.414	112°23′28″
3	10.331	①↑10.139	162°08′20″	12.947	↑12.544	101°37′38″
4	17.996	①↑17.110	149°59′26″	19.420	↑18.370	91°37′40″
5	25.662	①↑23.690	138°40′32″	25.893	↑23.886	82°18′50″
6	33.327	①↑29.864	128°06′39″	32.367	↑29.094	73°37′03″

道次	第三栏			第四栏		
	前伸数	放射线	测量角(O_1)	垂直丈量	放射线	测量角
1	②↓31.447	②↓29.894	58°41′23″	②↑3.553		
2	5.083	↑5.095	49°34′01″	②↑7.386		
3	10.165	↑9.987	41°06′57″	②↑11.218	各道从第二分界线	
4	15.247	↑14.670	33°15′53″	②↑15.041	分别向前垂直丈量	
5	20.330	↑19.148	25°57′07″	②↑18.884		
6	25.412	↑23.424	19°07′27″	②↑22.717		

道次	第五栏			第六栏		
	前伸数	放射线	测量角	前伸数	放射线	测量角(O_2)
1	35.000			③↓5.000	各道从第三分界线	
2	35.000			③↓1.167	分别向后垂直丈量	
3	35.000	各道从第四栏向前		2.665	③↑3.528	175°23′30″
4	35.000	垂直丈量 35.000m		6.498	③↑7.110	169°09′51″
5	35.000			10.331	③↑10.684	163°21′49″
6	35.000			14.164	③↑14.161	157°56′52″

(续表)

道次	第七栏			第八栏		
	前伸数	放射线	测量角(O_2)	前伸数	放射线	测量角(O_2)
1	③↑30.000	③↑28.633	124°00′38″	④↓31.447	④↓29.894	58°41′23″
2	2.641	↑ 2.847	119°16′15″	1.250	↑ 1.724	56°26′48″
3	5.281	↑ 5.605	114°52′48″	2.499	↑ 3.415	54°22′07″
4	7.922	↑ 8.278	110°48′04″	3.749	↑ 5.078	52°26′17″
5	10.562	↑10.873	107°00′07″	4.999	↑ 6.714	50°38′24″
6	13.203	↑13.393	103°27′16″	6.248	↑ 8.326	48°57′41″

第九栏和第十栏在第二直道上，可从终点线向后垂直丈量 75m 和 40m

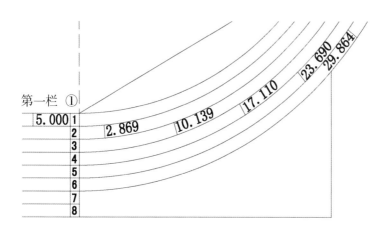

图 8.14 400m 栏第一栏示意 （单位：m）

161

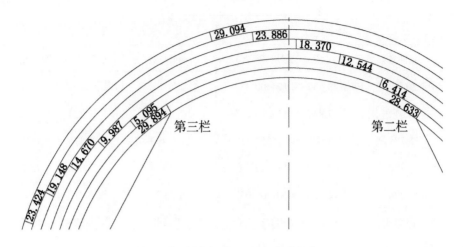

图 8.15　400m 栏第二、三栏示意（单位：m）

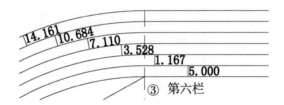

图 8.16　400m 栏第六栏示意（单位：m）

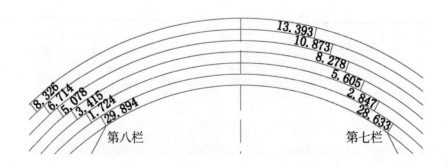

图 8.17　400m 栏第七、八栏示意（单位：m）

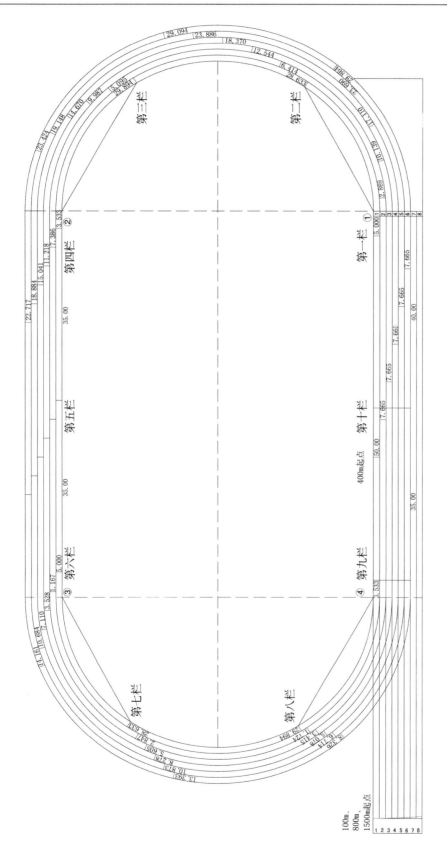

图 8.18　400m 栏各栏点、位、线示意（单位：m，*r*=30.50）

11. 4×350m 接力

4 × 350m 接力跑的第一棒为分道跑，第二棒接棒后跑过一个弯道即可切入里道而不分道跑；第三、四棒也为不分道跑。因此，其起跑线前伸数是跑三个弯道的前伸数加切入差。第一接力区后沿和前沿都涉及切入差。4 × 350m 接力起跑线和第一接力区点、位、线数据如表 8.17 所示。

表 8.17　4×350m 接力起跑线和第一接力区点、位、线数据（单位：m，r = 30.50）

道次	起跑线		第一接力区后沿		第一接力区前沿	
	放射线	测量角（O_1）	放射线	测量角（O_1）	放射线	测量角（O_1）
1	0	180°00′00″	①↓ 10.000	各道从第①	①↑ 9.891	161°20′13″
2	①↑ 11.219	159°20′38″	①↓ 6.158	分界线向后	↑ 3.570	155°09′13″
3	①↑ 21.728	140°10′34″	①↓ 2.299	垂直丈量	↑ 7.032	149°23′34″
4	①↑ 31.345	122°20′17″	①↑ 1.583	177°21′37″	↑ 10.390	144°00′36″
5	①↑ 39.978	105°41′36″	①↑ 5.482	171°10′22″	↑ 13.647	138°57′58″
6	①↑ 47.592	90°07′24″	①↑ 9.399	165°22′01″	↑ 16.807	134°13′40″

350m 跑道的田径场有许多优点，有些项目的起点，如 4 × 100m 第二接力区在直道或直段上，直段上的前伸数可用钢尺直接丈量，还有些项目的起点重合在一起，如 800m 起点也是 1500m 起点（但 4 × 100m 接力区的第一、三接力区和 400m 栏的弯道栏等点、位需要计算），因而大大减少了计算的麻烦。如空地不够修建标准 400m 田径场，那么建成 350m 田径场也是不错的选择。

第三节　周长 300m 半圆式田径场

设有一块空地长 135m、宽 80m，要设计一个 6 条跑道、道宽 1.22m、不安装内突沿的 300m 跑道，应如何设计？其步骤如下。

第一，确定半径

欲知此空地可修建一个多大的田径场，要先计算出它能为即将修建的田径场提供多长的半径，据此，计算出两个半圆的弧长，再加上两个直段的长度，便可知此田径场的周长。

半径等于空地宽减去两侧的余地和两侧跑道总宽，再减 2 条跑道宽，然后除以 2。即：

$$半径 = \left[空地宽 - 2 \times (跑道总宽 + 余地) - 2 \times 1.22\right] \div 2$$

设余地为 1.00m。代入公式：

$$半径 = \left[80 - 2 \times (6 \times 1.22 + 1.00) - 2.44\right] \div 2$$
$$= \left[80 - 16.64 - 2.44\right] \div 2$$
$$= 30.46m$$

为了便于计算，取整数 30.00m。另外，由于空地宽度在设计时预留了 2×1.22m，正好是两条跑道的宽度，因此，直道可做成 8 条跑道。

第二，确定直段长

直段长等于空地长减两端弯道半径、两端弯道的跑道总宽和应留的余地，也就是直段长等于场地总长减去场地总宽，即：

$$直段长 = 空地长 - 2 \times (半径 + 跑道总宽 + 余地)$$
$$= 135 - 2 \times (30.00 + 7.32 + 1.00)$$
$$= 135 - 2 \times 38.32$$
$$= 58.36m$$

知道了半径和直段长度，就可以算出在这块空地上修建的田径场的周长了。因本场地不装内突沿，故计算半径为 $(r + 0.2)$m。

先计算弯道长：

$$一个弯道长 = \pi \cdot r$$
$$= \pi\,(30.00 + 0.2)$$
$$= 94.876m$$

计算直段长 $= 150 - 94.876 = 55.124$m。

原计算的直段长是 58.36m，比现在计算的直段长长 $58.36 - 55.124 = 3.236$m。

第三，验证第 1 道周长

第 1 道周长 $= 2 \times (94.876 + 55.124) = 300$m。

第四，计算并画出径赛项目点、位、线

各径赛项目的点、位、线计算和画法：总终点选择在第一分界线上。

1. 100m 起点

在第四分界线后 $100 - 55.124 = 44.876$m 处。

2. 200m 分道的起点

（1）前伸数的计算

200m 跑需跑一个弯道，因本场地不装内突沿，故第 2~6 道的前伸数公式为：$C_n = \pi(n-1) \times 1.22$（$n$ 为第 1 道以外的道次）。200m 跑各道前伸数数据如表 8.18 所示。

表 8.18　200m 跑各道前伸数数据（单位：m）

计算指标	一道	二道	三道	四道	五道	六道
前伸数	0	3.833	7.665	11.498	15.331	19.164

（2）起跑线画法

由第二分界线向前量取 5.124m，得第 1 道起点 A，延长第 1 道起点线到第 6 道外沿 B，得线段 AB，再由 AB 向前分别垂直量取各道前伸数（表 8.18），则得各道起跑线。

3. 400m 分道起跑线

（1）前伸数计算

400m 跑需跑两个弯道，因本场地不装内突沿，故第 2~6 道的前伸数公式为：$C_n = 2\pi(n-1) \times 1.22$（$n$ 为第 1 道以外的道次）。400m 起跑线各道前伸数数据如表 8.19 所示。

表 8.19　400m 起跑线各道前伸数数据（单位：m）

计算指标	一道	二道	三道	四道	五道	六道
前伸数	0	7.665	15.331	22.996	30.662	38.327

（2）起跑线画法

第 1 道起点在 100m 起跑线上，其他各道起点按各道前伸数（表 8.19）从 100m 起跑线分别向前量取得到。

4. 800m 起跑线

800m 跑 2 圈 +200m，为不分道跑项目，起跑线是一条渐开弧线。第 1 道同 200m 起点 C，延长第 1 道起点线并与各跑道线垂直得 CD，再根据各道垂直丈量法数据（表 8.20），由 CD 向前分别垂直量取各跑道线点、位，依次连接各点，则得各道起跑线。

表 8.20　800m 起跑线垂直丈量法数据（单位：m）

计算指标	一道	二道	三道	四道	五道	六道	七道
丈量数据	0	0.0103	0.0499	0.1188	0.2170	0.3444	0.5009

5. 1500m、3000m 起跑线

1500m、3000m 跑为不分道跑项目，起跑线是一条渐开弧线，第 1 道在终点线处，其他各道用放射线量法，数据如表 8.21 所示。

表 8.21　1500m 起跑线各道放射线量法数据（单位：m）

计算指标	一道	二道	三道	四道	五道	六道	七道
放射线	0	1.233	2.507	3.824	5.182	6.581	8.021

1500m 跑 5 圈，3000m 跑 10 圈。

6. 4×100m 接力区

4×100m 接力起跑线同 400m。

各接力区随第 1 道位置变化，其他各道前伸数也要变化，这里要用单位前伸数来解决计算问题（有关单位前伸数理论前文已叙述过），各道单位前伸数值的计算公式为 $M_n = \dfrac{(n-1)d}{r+0.2}$。现给出各道单位前伸数值数据，如表 8.22 所示。

表 8.22　各道单位前伸数值

计算指标	一道	二道	三道	四道	五道	六道	七道
M_n	0	0.040397	0.080794	0.121192	0.161589	0.201987	0.242384

【例 8.1】求第三接力区第 4 道后沿前伸数。

分析：知道了单位前伸数值，即可求得单位前伸数，其计算方法是：由第 1 道基准点起剩余的弯道长度乘以该道的单位前伸数值。第三接力区距终点还有不到一个弯道的距离，第三接力区第 1 道后沿距第四分界线距离 $= \pi(30.00+0.2) - 40$。

解：　第三接力区第 4 道后沿前伸数 $= \left[\pi(30.00+0.2) - 40\right] \times 0.121192$

$$= 2.216848998$$

接力区各点、位、线的设置如表 8.23 和图 8.19~ 图 8.22 所示。

表 8.23　4×100m 接力区各区点、位、线数据（单位：m，r = 30.00）

道次	第一接力区后沿		第一接力区标志线		第一接力区前沿	
	前伸数	放射线	前伸数	放射线	前伸数	放射线
1	①↓20.000		0	0	10.000	①↑ 9.888
2	①↓12.335		7.665	①↑ 7.547	7.262	↑ 7.162
3	①↓ 4.669		15.331	①↑14.722	14.523	↑13.981
4	2.996	①↑ 4.615	22.996	①↑21.484	21.785	↑20.424
5	10.662	①↑10.942	30.662	①↑27.814	29.046	↑26.479
6	18.327	①↑17.535	38.327	①↑33.712	36.308	↑32.145

道次	第二接力区后沿		第二接力区标志线		第二接力区前沿	
	前伸数	放射线	前伸数	垂直丈量	前伸数	垂直丈量
1	14.876	②↓14.629	②↑5.124		标↑10.00	
2	4.434	②↓10.799	3.833	各道从第 1	3.833	各道从第 1
3	8.867	②↓ 7.342	3.833	道依次向	3.833	道依次向
4	13.301	②↓ 4.920	3.833	前垂直丈	3.833	前垂直丈
5	②↑0.456		3.833	量 3.833m	3.833	量 3.833m
6	②↑4.289		3.833		3.833	

道次	第三接力区后沿		第三接力区标志线		第三接力区前沿	
	前伸数	放射线	前伸数	放射线	前伸数	放射线
1	30.000	③↑28.591	20.000	后↑19.506	10.000	标↑9.888
2	2.621	↑ 2.829	1.813	↑ 2.146	1.409	↑1.836
3	5.242	↑ 5.568	3.626	↑ 4.237	2.818	↑3.633
4	7.862	↑ 8.222	5.439	↑ 6.276	4.227	↑5.395
5	10.483	↑10.797	7.252	↑ 8.269	5.636	↑7.125
6	13.104	↑13.297	9.064	↑10.217	7.045	↑8.824

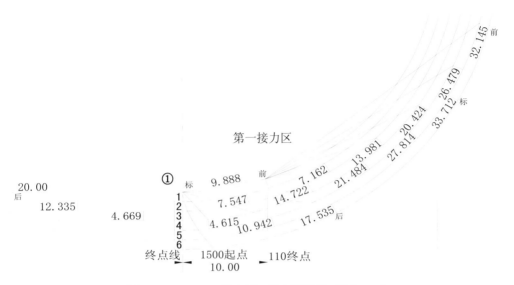

图 8.19　4×100m 接力第一接力区示意（单位：m）

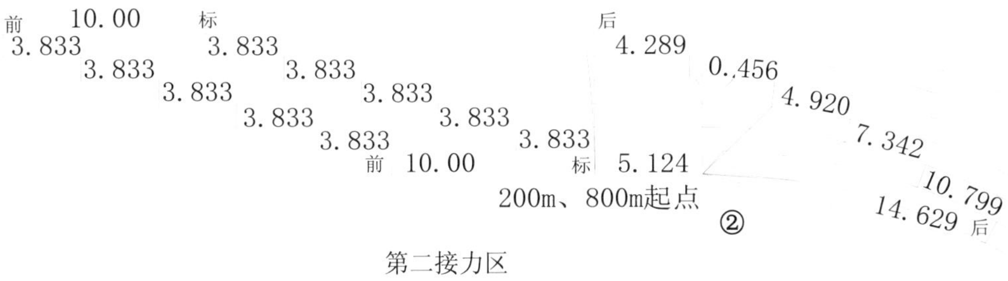

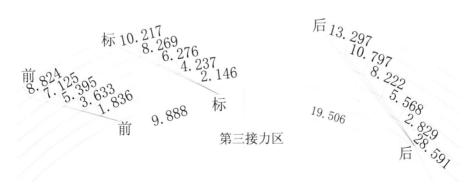

图 8.20　4×100m 接力第二接力区示意（单位：m）

图 8.21　4×100m 接力第三接力区示意（单位：m）

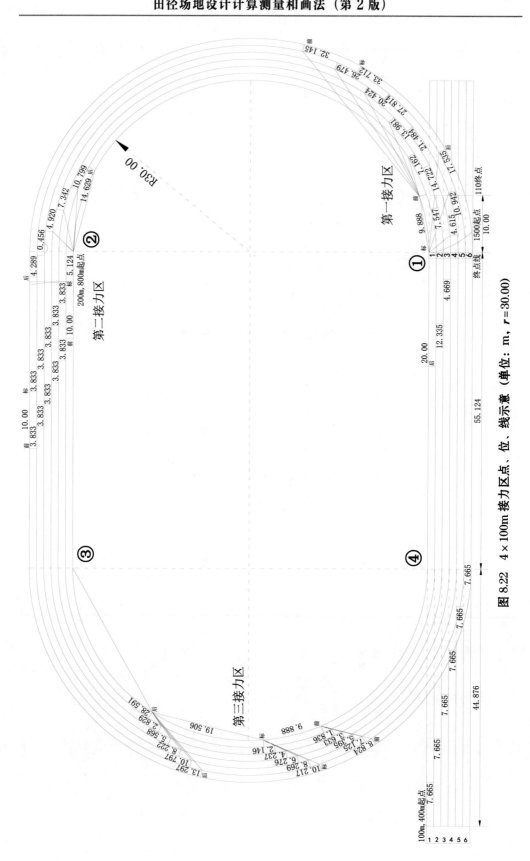

图 8.22 4×100m 接力区点、位、线示意（单位：m，r=30.00）

第四节　周长 250m 半圆式田径场

有时因场地的长或宽不具备修建 300m 田径场地的条件，那么可因地制宜地设计一个 250m 的田径场。例如：有块空地量得其长为 116m、宽为 62m，要设计一个跑道宽 1.22m、有 6 条跑道的半圆式田径场，不装内突沿，其步骤如下。

第一，确定半径

半径等于空地宽减去两侧的余地和两侧跑道总宽，然后除以 2。

$$半径 = [空地宽 - 2 \times (跑道总宽 + 余地)] \div 2$$
$$= [62 - 2 \times (1.22 \times 6 + 1)] \div 2 = [62 - 16.64] \div 2 = 22.68m$$

取 22.50m。

第二，确定直段长

$$直段长 = 空地长 - 2 \times (半径 + 跑道总宽 + 余地)$$
$$= 116 - 2 \times (22.50 + 6 \times 1.22 + 1.00)$$
$$= 54.36m$$

因本场地不装内突沿，故计算半径为 $(r + 0.2)$m。

$$一个半圆长 = \pi \cdot r = \pi (22.50 + 0.20) = 71.314m。$$
$$第 1 道周长 = 2 \times (71.314 + 54.36) = 251.348m。$$

调整成整数即 250m，比原计算的 251.348m 短了 1.348m。

$$直段长 = 54.36 - (251.348 - 250) \div 2 = 53.686m。$$

第三，验证第 1 道周长

$$第 1 道周长 = 2 \times (71.314 + 53.686) = 250m。$$

第四，计算并画出径赛项目点、位、线

各径赛项目点、位、线计算和画法：终点设在第一分界线上。

1. 100m 起点和终点

100m 起点在第四分界线后。因为第四分界线后空地仅有 32m，所以应适当选定向后的距离。现取 29.314m，把终点向前移：100 - 53.686 - 29.314 = 17m。那么 100m 跑的终点线在第一分界线向前 17m 处。

2. 200m 分道的起点

第 1 道起点位于第二分界线后的弯道上，本场地周长是 250m，200m 起点距第一分界线 50m 处，或距第二分界线后 21.314m（实跑线）。

$$C_n = \pi \ (r+0.2) - 50 = \pi \ (22.50 + 0.2) - 50 = 21.314 \text{m}$$

第 2～6 道起跑线的前伸数要通过单位前伸数值进行计算，计算公式为：$M_n = \dfrac{(n-1)d}{r+0.2}$。结果如表 8.24 所示。

表 8.24　各道单位前伸数值 M_n

计算指标	一道	二道	三道	四道	五道	六道	七道
M_n	0	0.05374	0.10749	0.16123	0.21498	0.26872	0.32247

∵ 第 1 道要跑 1 个弯道加 21.314m 弧长，即：$\pi \ (n-1) \times 1.22 + 21.314$

∴ 第 2~6 道起跑线的前伸数 $C_n = \left[\pi \ (n-1) \times 1.22 + 21.314 \right] \times M_n$

通过单位前伸数值 M_n，可求出各道前伸数，再通过各道每米所对的角度求出前伸数对应的角度，然后通过半径、对应角，应用余弦定理求得对应的放射线，如表 8.25 所示。

表 8.25　200m 起跑线前伸数及放射线数据（单位：m）

计算指标	一道	二道	三道	四道	五道	六道
前伸数	21.314	4.978	9.957	14.935	19.913	24.891
放射线	20.359	4.952	9.635	14.048	18.200	22.107

3. 400m 分道的起点

400m 跑应跑 1.5 圈 +25.00m，所以第 1 道起点位于第三分界线后 25.00m 处。

400m 途中跑过 3 个弯道，各道前伸数 $C_n = 3\pi \ (n-1) \times 1.22$，如表 8.26 所示。

表 8.26　400m 起跑线前伸数及放射线数据（单位：m）

计算指标	一道	二道	三道	四道	五道	六道
前伸数	25.000	11.498	22.996	9.495	20.993	32.491
放射线	③↓25.000	③↓13.502	③↓2.004	③↑9.431	③↑19.074	③↑27.802

第 1~3 道前伸数在第三分界线之后，从第三分界线向后丈量；从第 4 道开始进入弯道，其前伸数相对第三分界线向前 $C_n = 3\pi (n-1) \times 1.22 - 25$。

4. 800m 起跑线

800m 跑 3 圈加 50m，为不分道跑项目，第 1 道起点在第四分界线前 3.686m 处，起跑线是一条渐开弧线，渐开弧线与各跑道线交点距第四分界线的垂直丈量法数据如表 8.27 所示。

表 8.27　800m 不分道起跑线垂直丈量法数据（单位：m）

计算指标	一道	二道	三道	四道	五道	六道	七道
丈量数据	3.686	3.696	3.733	3.805	3.903	4.031	4.187

5. 1500m、3000m 起跑线

1500m、3000m 跑为不分道跑项目，起跑线是一条渐开弧线，第 1 道在终点线处，其他各道用放射线丈量法，其数据如表 8.28 所示。

表 8.28　1500m、3000m 起跑线放射线丈量法数据（单位：m）

计算指标	一道	二道	三道	四道	五道	六道	七道
放射线	0	1.237	2.529	3.876	5.278	6.734	8.241

1500m 跑共跑 6 圈，3000m 跑共跑 12 圈。

6. 4×100m 接力

（1）起跑线

4×100m 接力起跑线同 400m，全程分道跑。

（2）第一接力区

250m 跑道各接力区设标志线、前沿和后沿，接力区前沿和后沿在标志线前后 10m 处。

标志线：第 1 道标志线在第四分界线前 3.686m 处，其他各道标志线都在直段上，依次在上一道标志线处向前丈量 7.665m。

前沿：各道前沿都在直段上，从各道标志线向前丈量 10.00m。

后沿：第 1 道从第四分界点向后放射丈量 6.238m，其他各道后沿从各道标志线向后丈量 10.00m。

（3）第二接力区

前沿：第 1 道前沿距第二分界线 11.314m，从第二分界点向后放射丈量 11.099m，第二、三道前沿从第二分界点向后放射丈量 7.298m 和 4.213m，第四、五、六道前沿进入直段，由第二分界线分别向前丈量 0.186m、4.019m 和 7.852m。

标志线：第 1 道标志线距第 1 道前沿 10m，放射线 9.832m，其他各道以此为基准点向前放射丈量。

后沿：第 1 道后沿距第 1 道标志线 10m，放射线 9.832m，其他各道以此为基准点向前放射丈量。

（4）第三接力区

4×100m 接力第三接力区各点、位都在第二弯道上。

后沿：第 1 道后沿距第三分界线 15m，从第三分界点向前放射丈量 14.599m，其他各道后沿以此为基准点向前放射丈量。

标志线：第 1 道标志线距第 1 道后沿 9.832m，其他各道以此为基准点向前放射丈量。

前沿：第 1 道前沿距第 1 道标志线 9.832m，其他各道以此为基准点向前放射丈量。

4×100m 接力第二、三接力区数据如表 8.29 和图 8.23 所示。

表 8.29　4×100m 接力第二、三接力区数据（r=22.50，d=1.22）（单位：m）

位置			一道	二道	三道	四道	五道	六道
第二接力区	前沿	前伸数	11.314	7.481	3.648			
		放射线	②↓11.099	②↓7.298	②↓4.213	②↑**0.186**	②↑**4.019**	②↑**7.852**
	标志线	前伸数	10.000	4.978	9.957	14.935	19.913	24.891
		放射线	前 ↓9.832	↑4.952	↑9.635	↑14.048	↑18.200	↑22.107
	后沿	前伸数	10.000	5.516	11.031	16.547	22.063	27.578
		放射线	标 ↓9.832	↑5.453	↑10.596	↑15.421	↑19.936	↑24.157
第三接力区	后沿	前伸数	15.000	3.027	6.053	9.080	12.106	15.133
		放射线	③↑14.599	↑3.166	↑6.191	↑9.085	↑11.858	↑14.520
	标志线	前伸数	10.000	2.489	4.978	7.467	9.957	12.446
		放射线	后↑9.832	↑2.695	↑5.281	↑7.766	↑10.160	↑12.471
	前沿	前伸数	10.000	1.952	3.903	5.855	7.807	9.758
		放射线	标↑9.832	↑2.245	↑4.411	↑6.505	↑ 8.535	↑10.506

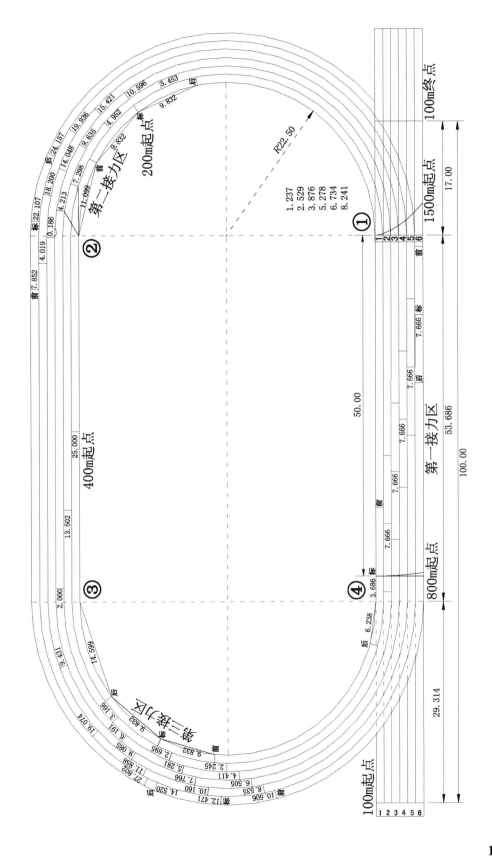

图 8.23　4×100m 接力区点、位、线示意（单位：m，r=22.50）

175

第五节 周长200m半圆式田径场

设有一块空地量得其长度为96m、宽度为53m，要设计一个跑道宽1.22m、有6条跑道的半圆式田径场，并装有内突沿，应如何设计与计算？其步骤如下。

第一，确定半径

半径等于空地宽减去两侧的余地和两侧跑道总宽，然后除以2。

$$半径 = [空地宽 - 2 \times (跑道总宽 + 余地)] \div 2$$
$$= [53 - 2 \times (1.22 \times 6 + 1)] \div 2 = [53 - 16.64] \div 2 = 18.18m$$

取整数18.00m。

第二，确定直段长

$$直段长 = 空地长 - 2 \times (半径 + 跑道总宽 + 余地)$$
$$= 96 - 2 \times (18.00 + 6 \times 1.22 + 1.00) = 43.36m$$

因本场地装有内突沿，故计算半径为 $(r + 0.3)$ m。

$$一个半圆长 = \pi \cdot r = \pi (18.00 + 0.30) = 57.491m$$
$$第1道周长 = 2 \times (57.491 + 43.36) = 201.702m$$

调整成整数即200m，比原计算的201.702m短了1.702m。
因此直段长 $= 43.36 - (201.702 - 200) \div 2 = 42.509m$。

第三，验证第1道周长

第1道周长 $= 2 \times (57.491 + 42.509) = 200m$。

第四，计算并画出径赛项目点、位、线

各径赛项目点、位、线计算和画法：终点设在第一分界线上。

1. 100m起点

100m起点在第三分界线前，跑一个弯道，各道前伸数计算公式为：$C_n = \pi [(n-1) \times 1.22 - 0.1]$。100m起跑线各道前伸数和放射线数据如表8.30所示。

表8.30 100m起跑线各道前伸数和放射线数据（单位：m）

计算指标	一道	二道	三道	四道	五道	六道
前伸数	0	3.519	7.351	11.184	15.017	18.850
放射线	0	3.580	7.220	10.642	13.860	16.894

2. 200m 分道的起点

200m 要跑 2 个弯道，第 1 道起点位于第一分界线上，第 2~6 道起跑线前伸数计算公式为：$C_n = 2\pi\left[(n-1) \times 1.22 - 0.1\right]$，200m 起跑线各道前伸数和放射线数据如表 8.31 所示。

表 8.31　200m 起跑线各道前伸数和放射线数据（单位：m）

计算指标	一道	二道	三道	四道	五道	六道
前伸数	0	7.037	14.703	22.368	30.034	37.699
放射线	0	6.813	13.597	19.678	25.064	29.799

3. 400m 分道的起点

400m 跑 2 圈，即要跑 4 个弯道。为了不使前伸数过长，可选用部分分道跑、部分不分道跑，即可先分道跑 3 个弯道，跑过第 3 个弯道后，在第二分界线抢道处便可切入里道不分道跑到终点。

各道起跑线前伸数的计算公式为：$C_n = 3\pi\left[(n-1) \times 1.22 - 0.1\right]$ + 切入差，具体数据如表 8.32 所示。

表 8.32　400m 起跑线各道切入差、前伸数和放射线数据（单位：m）

计算指标	一道	二道	三道	四道	五道	六道	七道
切入差	0	0.015	0.064	0.148	0.265	0.417	0.603
前伸数	0	10.570	22.118	33.700	45.316	56.966	
放射线	0	10.074	19.737	27.756	34.098	38.871	

4. 800m 不分道的起点

800m 起点位于第一分界线处，跑 4 圈。起跑线是一条渐开弧线，渐开弧线与各跑道线交点放射线数据如表 8.33 所示。

表 8.33　800m 起跑线各道放射线数据（单位：m）

计算指标	一道	二道	三道	四道	五道	六道	七道
放射线	0	1.235	2.535	3.903	5.338	6.837	8.400

5. 1500m 不分道的起点

1500m 起点位于第三分界线处，跑 7.5 圈。起跑线是一条渐开弧线，画法同 800m。

6. 4×100m 接力区

4×100m 接力跑起跑线同 400m 跑。本接力区仅设前沿和后沿。

第一接力区位于第三分界线处，第二接力区位于第一分界线处，第三接力区位于第三分界线处。

接力第一棒分道跑，至第一接力区交接棒；第二棒分道跑至第二接力区交接棒；第三棒跑过弯道上的抢道线后，可切入里道不分道跑至第三接力区；第四棒接棒后，不分道跑至终点。如表 8.34 和图 8.24 所示。

表 8.34　4×100m 接力区各点、位、线数据（$r=18.00$，$d=1.22$）　（单位：m）

位置				一道	二道	三道	四道	五道	六道
第一接力区	后沿	前伸数	第三分界线	**10.000**	**2.948**	4.767	12.516	20.299	28.116
		放射线		垂直丈量		5.049	11.737	17.955	23.580
	前沿	前伸数		10.000	6.440	13.488	20.570	27.687	34.838
		放射线		9.714	6.260	12.552	18.273	23.425	28.039
第二接力区	后沿	前伸数	第一分界线	**10.000**	**6.467**	**2.585**	1.338	5.282	9.267
		放射线		垂直丈量			3.853	6.730	9.977
	前沿	前伸数		10.000	2.921	6.137	9.386	12.670	15.988
		放射线		9.714	3.050	6.184	9.175	12.035	14.776

第三接力区为不分道接力区，后沿从第 1 道向各道延长的线，前沿与后沿相距 20m，且与后沿平行，画第 2 至第 4 道

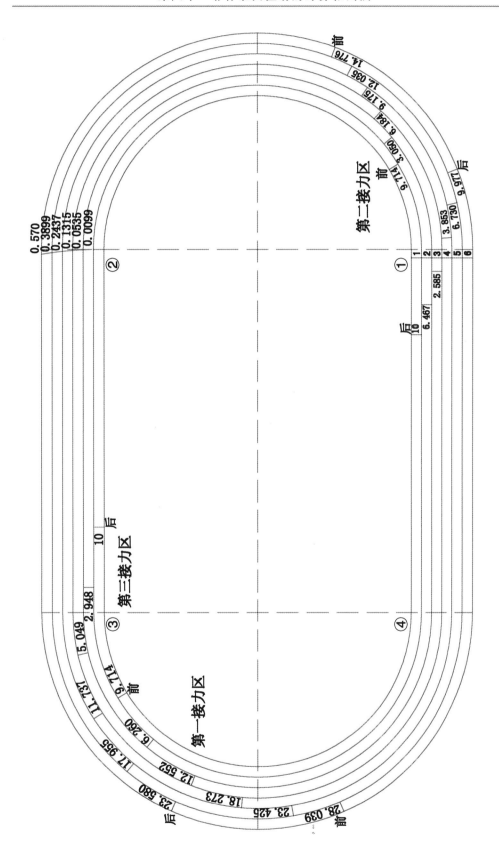

图 8.24　4×100m 接力区点、位、线示意（单位：m，*r*=18.00）

第六节　周长 200m 长方形田径场

当空地的长度和宽度不适宜设计半圆式田径场时，可以设计成长方形的。

例如：有一空地长 73m、宽 60m，试设计成道宽 1m、4 条弯道、6 条直道的长方形田径场。

长方形田径场由 4 个弯道（1/4 圆）和两个直道、两个横道组成，其设计和画法步骤如下。

第一，设计和计算

1. 计算直道长和横道长

设：道宽 1m，4 条跑道，半径 12.00m，余地 1.50m。

$$直道长 = 空地长 - 2 \times \left[半径 + （道宽 \times 道数） + 余地 \right]$$
$$= 73 - 2 \times \left[12 + （1 \times 4） + 1.50 \right] = 73 - 2 \times 17.5 = 38m$$
$$横道长 = 空地长 - 2 \times \left[半径 + （道宽 \times 道数） + 余地 \right]$$
$$= 60 - 2 \times \left[12 + （1 \times 4） + 1.50 \right] = 60 - 2 \times 17.5 = 25m$$

2. 计算弯道总长

$$弯道总长 = 2\pi R = 2\pi \times （12+0.2） = 2\pi \times 12.2 = 76.655m$$

一圈长 = 弯道总长 + 2×（直道长 + 横道长）= 76.655 + 2 ×（38 + 25）= 202.655m

调整跑道周长为 200m，多余的长度使横道长缩短（202.655 − 200）÷ 2 = 1.328m。

调整后的横道长 = 25 − 1.328 = 23.672m。

长方形 200m 田径场示意如图 8.25 所示。

3. 验证第 1 道周长

第 1 道周长 = 76.655 + 2 ×（38 ＋ 23.672）= 200m。

另通过计算空地宽度 = 60 − 2 × $\left[12 + （1 \times 4） + 1 \right]$ − 23.672 = 2.328m。

假如使空地的宽度余地保持 1m，那么还可增加两条直道。

现可设计成 4 条弯道和 6 条直道的长方形田径场。

第二，计算并画出径赛项目点、位、线

各径赛项目点、位、线计算和画法：终点设在第一分界线 A 上（图 8.25）。

1. 60m 起点

第八分界线 H 后 22.00m 为 60m 起跑线。

2. 100m 起点

100m 起点在第五分界线 E 前弯道上，跑 2 个 1/4 弯道，各道前伸数的计算公式为 $C_n = \pi (n-1)d$。

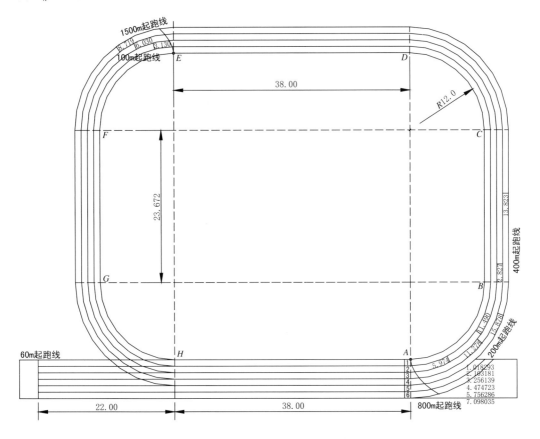

图 8.25　长方形 200m 田径场示意（单位：m）

100m 各道起跑线前伸数和放射线数据如表 8.35 和图 8.26 所示。

表 8.35　100m 各道起跑线前伸数和放射线数据（单位：m）

计算指标	一道	二道	三道	四道
前伸数	0	3.141	6.283	9.425
放射线	0	E↑3.130	E↑6.030	E↑8.719

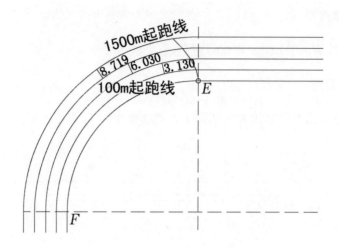

图 8.26　100m、1500m 起跑线示意（单位：m）

3. 200m 分道的起点

200m 跑 1 圈，就是跑 4 个 1/4 圆，第 1 道起点位于第一分界线 A 上，第 2~4 道起跑线的前伸数按公式 $C_n=2\pi(n-1)\times1.00$ 计算，如表 8.36 和图 8.27 所示。

表 8.36　200m 各道起跑线前伸数和放射线数据（单位：m）

计算指标	一道	二道	三道	四道
前伸数	0	6.283	12.566	18.850
放射线	0	A↑5.974	A↑11.278	A↑15.878

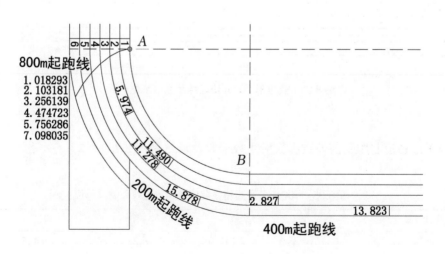

图 8.27　200m、400m、800m 起跑线示意（单位：m）

4. 400m 分道的起点

400m 跑 2 圈，就是跑 8 个 1/4 圆，各道起跑线前伸数公式：$C_n = 4\pi (n-1) \times 1.00$。

第 2 道 1/4 弯道长前伸数可在弯道上用放射线丈量，第 3、4 道 1/4 弯道长分别是 22.305m 和 23.876m，而它们的前伸数是 25.133m 和 37.699m，已超过 1/4 弯道，因此可在横直段上从第二分界线 B 直接向前（↑）丈量。数据如表 8.37 和图 8.27 所示。

表 8.37　400m 各道起跑线前伸数和放射线数据（单位：m）

计算指标	一道	二道	三道	四道
前伸数	0	12.566	25.133	37.699
放射线	0	A↑11.490	直↑ 2.827	直↑ 13.823

5. 800m 不分道的起点

800m 起点位于第一分界线处，跑 4 圈。起跑线是一条渐开弧线，渐开弧线与各跑道线交点放射线点量法数据如表 8.38 和图 8.27 所示。

表 8.38　800m 不分道起点的放射线点量法数据（单位：m）

计算指标	一道	二道	三道	四道	五道	六道	七道
放射线	0	1.018	2.103	3.256	4.475	5.756	7.098

6. 1500m 不分道的起点

1500m 起点位于第三分界线处，跑 7.5 圈。起跑线是一条渐开弧线，画法同800m，如表 8.38 和图 8.26 所示。

第七节 周长 250m 半圆式田径场点、位倒算法

在验收非标准田径场的跑道前，审核画线图纸时发现，有些场地计算后长度与原设计差别较大，点、位、线也不准确，但此时跑道大线已画成。为了使跑道满足各道距离相等的原则，在终点线固定不变的前提下，调整各起跑线和其他功能线。

前文介绍在弯道上前伸数和从第 1 道的某放射点进行放射丈量，采用的求单位前伸数的计算方法可能比较复杂。下面介绍从终点线倒着推算前伸数的方法，以供读者参考。

由于终点固定，要求每条跑道到终点的距离都相等，我们可以从终点线倒着推算出某项目和某道的点、位，以及这个点、位距相近的分界线的距离，就能获得相应的前伸数。如果这个距离（前伸数）是弧线，可根据这个距离（弧长）所对的角度计算放射线长，就可以从分界点到对应点放射丈量；如果这个距离是直线，那么可从分界线垂直丈量到对应跑道。

例如，某小学田径场地原设计 250m 跑道，验收现场丈量第 1 道半径为 17.935m，轴距（圆心距）为 67.950m，跑道宽为 1.06m，6 道。原设计第一圈为 250m。

《规则》第 160 条第 2 款规定："……如右弯道（或从主跑道转向障碍水池段）无内突沿，则应在标志线外沿以外 20cm 处进行测量。"

第 1 道经计算=2×［π×（17.935+0.2）+ 67.95］= 249.846m，比原设计 250m 少了 0.154m。现场地已做好，大线也画了，为了减少麻烦，只对跑道点、位、线重新进行计算，调整起点和接力区的点位，以满足教学、训练和比赛要求。

一、计算基本理论

(一)计算每条跑道半圆（1 个弯道）的长度

设：r 表示某跑道第 1 道半径；d 表示分道宽，本例为 1.06m；n 为任意道次。
计算各道半圆周长实跑线 $= r +（n-1）d + 0.2$。

计算各道实跑线全长 =2 × $\{\pi \times [r + (n - 1) d + 0.2] + 67.950\}$。各道计算结果如表 8.39 所示。

表 8.39　各道计算数据（单位：m，r=17.935)

道次	半径	直段长	半圆长	各道周长	K_n
1	17.935	67.950	56.973	249.846	3.1594
2	18.995	67.950	60.303	256.506	2.9849
3	20.055	67.950	63.633	263.166	2.8287
4	21.115	67.950	66.963	269.826	2.6880
5	22.175	67.950	70.293	276.486	2.5607
6	23.235	67.950	73.623	283.146	2.4449

（二）计算测量角度

各道弧线（实跑线）每米所对角度是计算其他数据的基本要素。

其公式为 $K_n = \dfrac{360°}{2\pi \cdot r}$

各道实跑线每米所对的角度为 $K_n = \dfrac{360°}{2\pi [r + (n-1) d + 0.2]}$

其中，r 表示某跑道第一弯道的半径，n 表示除第 1 道以外的各分道次，d 表示分道宽，K_n 表示各条弯道实跑线每米所对的角度。

例如，第 3 道每米所对角度的计算公式为 K_3=360°/2π[17.935+（3-1）×1.06+0.2]=2.8287° /m。第 3 道每米所对角度为 2.8287° /m，其他各道每米所对角度如表 8.39 所示。

二、各项目点、位、线数据计算

（一）200m 跑

200m 跑各道前（后）伸数和放射线，计算数据如表 8.40 和图 8.28 所示。

表 8.40　各项目点、位数据（单位：m，$r=17.935$）

道次	200m	400m	800m	4×100m一后	4×100m 一中	4×100m一前
1	②↓7.003	③↓25.231	①↓50.461	④↓2.178	④↑17.796	中↑10.000
2	②↓3.796	③↓15.241	↑0.008	④↑4.456	后↑20.000	中↑10.000
3	②↓2.165	③↓5.251	↑0.048	④↑11.116	后↑20.000	中↑10.000
4	②↑2.863	③↑5.362	↑0.116	④↑17.776	后↑20.000	中↑10.000
5	②↑6.193	③↑13.572	↑0.213	④↑24.436	后↑20.000	中↑10.000
6	②↑9.523	③↑21.221	↑0.338	④↑31.096	后↑20.000	中↑10.000
7			↑0.493			

道次	4×100m二后	4×100m 二中	4×100m 二前	4×100m 三后	4×100m 三中	4×100m 三前
1	②↓24.396	②↓7.003	②↑2.873	③↑4.854	④↓27.730	④↓20.488
2	②↓21.471	②↓3.796	↑3.330	③↑7.946	④↓27.382	④↓20.084
3	②↓18.481	②↓2.165	↑3.330	③↑10.906	④↓27.058	④↓19.756
4	②↓15.556	②↑2.863	↑3.330	③↑13.713	④↓26.771	④↓19.506
5	②↓12.832	②↑6.193	↑3.330	③↑16.372	④↓26.527	④↓19.338
6	②↓10.488	②↑9.523	↑3.330	③↑18.894	④↓26.332	④↓19.251

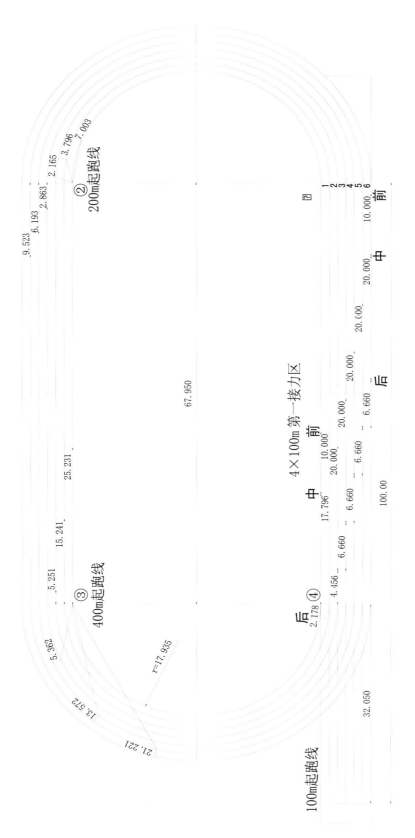

图 8.28　200 米、400 米起点，4×100 米接力第一接力区（单位：m，r =17.935）

1. 第 1 道后伸数和放射线

从终点向后跑 0.5 圈，即 0.5 × 249.846=124.923m，再向后退 1 个直段长 67.95m，即 124.923+67.95=192.873m，还必须再退 200−192.873=7.127m，就刚好 200m，即在第二直、曲分界线后 7.127m。

第 1 道后伸数 =200−0.5 × 249.846−67.95=75.077−67.95=7.127m。

第 1 道起点在第二直、曲分界线后 7.127m，求②点到点、位的放射线长：

查表 8.39，第 1 道每米所对角度 3.1594° /m 。7.127m × 3.1594° /m=22.517° ，查余弦 cos22.517° =0.9238。

按放射线计算公式 $AB=\sqrt{R^2+r^2-2rR\cos\beta}$ ，$AB=\sqrt{17.935^2+17.935^2-2 \times 17.935 \times 17.935 \times 0.9238}$ ，求得放射线 AB=7.003m，可从第二分界线②向后 7.003m 放射丈量。

2. 第 2 道后伸数和放射线

第 2 道后伸数 =200−0.5 × 257.511−67.95=3.295m，求②到点、位放射线长：

第 2 道起点在第二分界线后 3.295 米，查表 8.39，第 2 道每米所对角度 2.9849° /m。3.295m × 2.9849° /m=11.3342° ，查余弦 cos11.3342° =0.9845。

按放射线计算公式 $AB=\sqrt{19.155^2+17.935^2-2 \times 17.935 \times 19.155 \times 0.9845}$ ，求得放射线 AB=3.796m，可从第二分界线②向后 3.796m 放射丈量。

3. 第 3 道后伸数和放射线

第 3 道后伸数 =200−0.5 × 263.166−67.95=0.467m，求②到点、位放射线长：

第 2 道起点在第二分界线后 0.467m，查表 8.39，第 3 道每米所对角度 2.8287° /m。0.467m × 2.8287° /m=1.3211° ，查余弦 cos1.3211° =0.9997。

按放射线计算公式 $AB=\sqrt{19.155^2+17.935^2-2 \times 17.935 \times 19.155 \times 0.9997}$ ，求得放射线 AB=2.165m，可从第二分界线②向后 2.165m 放射丈量。

4. 各道前伸数和第 4~6 道放射线

根据公式 $C_n=2\pi[(n-1)d-0.1]$ ，发现前伸数与弯道半径 r 和直段 L 无关，与道次 n 和跑道宽 d，以及全程跑几个弯道有一定的关系。

第 4~6 道的起点都在直段上，相临各道差的关系分析如下：

第 1 道半圆长 =π（r+0.2），第 2 道半圆长 = π[r+（2−1）d+0.2]，第 3 道半圆长 = π[r+（3−1）d+0.2]，第 4 道半圆长 = π[r+（4−1）d+0.2]。

第 2 道距第 1 道前伸距离 =π[r+（2−1）d+0.2] − π（r+0.2）= π·d，本例 d = 1.06m，π·d = π × 1.06 = 3.330m。

第 3 道距第 2 道前伸距离 $= \pi \left[r + (3-1) d + 0.2 \right] - \pi \left[r + (2-1) d + 0.2 \right] = \pi \cdot d$，本例 $d = 1.06\text{m}$，$\pi \cdot d = \pi \times 1.06 = 3.330\text{m}$。

第 4 道距第 3 道前伸距离 $= \pi \left[r + (4-1) d + 0.2 \right] - \pi \left[r + (3-1) d + 0.2 \right] = \pi \cdot d$，本例 $d = 1.06\text{m}$，$\pi \cdot d = \pi \times 1.06 = 3.330\text{m}$。

本例 200m 跑过 1 个弯道，跑道宽 1.06m，前伸数 $= \pi \cdot d = 1.06 \times \pi = 3.330$，所以，第 4~6 道的 200m 起点可从上一个跑道起点依次向前 3.330m 垂直丈量。

（二）400m 跑

400m 跑应跑 1.5 圈，各道起跑线前伸数和放射线计算如下，结果如表 8.40 和图 8.28 所示。

第 1 道后伸数 $= 400 - 1.5 \times 249.846 = 25.231\text{m}$，第三分界线③向后 25.231m 垂直丈量。

第 2 道后伸数 $= 400 - 1.5 \times 257.511 = 13.733\text{m}$，第三分界线③向后 13.733m 垂直丈量。

第 3 道后伸数 $= 400 - 1.5 \times 263.166 = 5.251\text{m}$，第三分界线③向后 5.251m 垂直丈量。

第 4 道进入弯道，前伸数 $= 1.5 \times 269.826 - 400 = 4.739\text{m}$。第 4 道起点在第三分界线前 4.739m，查表 8.39，第 4 道每米所对角度 2.6880°/m。4.739m×2.6880°/m=12.7390°，查余弦 $\cos 12.7390° = 0.9754$，按放射线计算公式 $AB = \sqrt{R^2 + r^2 - 2rR\cos\beta} = \sqrt{17.935^2 + 21.595^2 - 2 \times 17.935 \times 21.595 \times 0.9754}$，第 4 道前伸数放射线 $AB = 5.362\text{m}$，可以从第三分界线③向前 5.362m 放射丈量。

第 5~6 道前伸数与第 4 道前伸数、放射线计算方法相同。

（三）800m 跑

800m 为不分道跑，应跑 3 圈，即 $3 \times 249.846 + 50.462 = 800\text{m}$，所以，起点为终点线后 50.462m 的一条渐开弧线。

从①向后丈量 50.462m，画出与跑道垂直的直线与各道交叉，以交点按表 8.40 数据在各跑道线上垂直丈量，连接各点，就可画出起跑线。

（四）4×100m 接力

起跑线同 400m，各道各接力区前伸数和放射线计算如下，结果见表 8.40 和图 8.28、图 8.29。

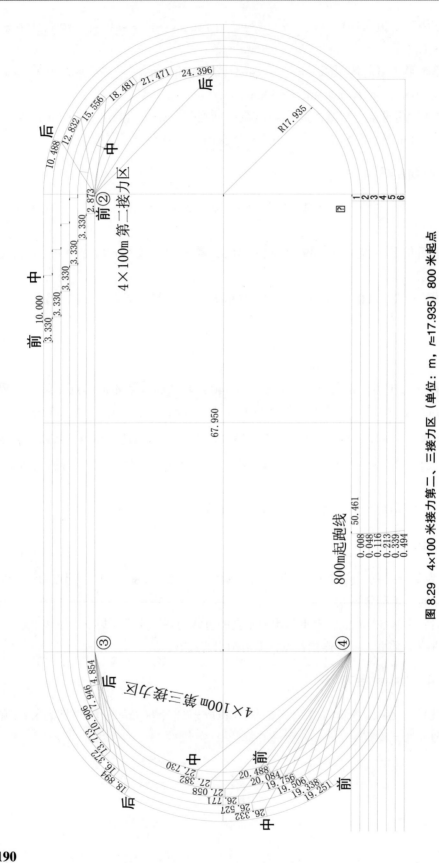

图 8.29 4×100 米接力第二、三接力区（单位：m，r=17.935）800 米起点

1. 4×100m 接力第一接力区在第二直段上

（1）后沿

第 1 道距起点 80m，即 25.231+56.973=82.204m，82.204−80=2.204m，此点距第四分界线 2.204m（后伸数），按上述放射计算得 2.178m，可从④向后 2.178m 放射丈量。

第 2 道距起点 80m，即 15.241+60.303=75.544m，75.544−80=−4.456m，此点在第四分界线前 4.456m 的直段上，可从第四分界线向前 4.456m 垂直丈量。

第 3~6 道均在直道上，还有两个全弯道未跑，根据前伸计算公式 $2\pi\cdot d$，相临两道的前伸数就是 $2\pi\cdot d$，即 $2\pi\cdot d=2\pi\times1.06=6.660m$，第 3 道后沿可从第 2 道向前 6.660m 垂直丈量，第 4~6 道后沿可从第 3~5 道向前 6.660m 垂直丈量。

（2）标志线

第 1 道距第四分界线的距离为 20−2.204=17.796m，第 1 道标志线可从④向前 17.796m 垂直丈量，其他各道可从后沿向前 20.000m 垂直丈量。

（3）前沿

各道可从标志线向前 10.000m 垂直丈量。

2. 4×100m 接力第二接力区在第二直、曲分界前后

（1）标志线

标志线距终点 200m，所以各道标志线同 200m 起跑线。

（2）后沿

各道后沿距标志线 20m，第 1 道后沿即 7.127+20=27.127m，此点距第二直、曲分界线 27.127m（后伸数），按上述放射线计算方法，求得放射线 24.396m，从②向后 24.396m 放射丈量。

第 2~6 道按第 1 道后沿计算方法求得各道向后放射线数据（表 8.40），按数据从②向后放射丈量。

（3）前沿

各道前沿均在直道上，第 1 道距第四分界线=10−7.127=2.873m，可从第四分界线④向前 2.283m 垂直丈量。

第 2~6 道前沿还有 1 个弯道未跑，根据前伸数计算公式 $\pi\cdot d$，相临两道的前伸数就是 $\pi\cdot d$，即 $\pi\cdot d=\pi\times1.06=3.330m$，第 2~6 道前沿可从第 1~5 道的前沿依次向前 3.330m 垂直丈量。

3. 第三接力区各道

（1）后沿

后沿距终点线 120m，第 1 道前伸数=0.5×249.846−120=4.923m，其他各道按同样

方法求得，再计算放射线，数据见表 8.40，从第三直、曲分界线③向前放射丈量。

（2）标志线

各道标志线距终点 100m，后伸数距第四分界线的距离为 100-67.95=32.09m，计算放射线，数据见表 8.40，从第四直、曲分界线④向后放射丈量。

（3）前沿

各道前沿距终点 90m，后伸数距第四分界线的距离为 90-67.95=22.09m，计算放射线，数据见表 8.40，从第四直、曲分界线④向后放射丈量。

* 小结：

对于非标准田径场地的跑道，有人会认为其点、位、线不准确没太大关系。笔者在验收非标准场地时发现，有的误差非常大。虽然是非标准场地的跑道，但距离必须准确，不论是教学训练，还是小型竞赛，每个跑道距离都应该相等，这才符合公平竞争原则。

国家教育部门已将 50m、800m、1000m 等跑步项目列入体育中考内容，如果在某非标准场地的跑道进行测试，因场地距离不准确让考生吃亏或占便宜都是错误的，因此，必须重视并认真画好非标准场地跑道的点、位、线，以满足测试要求。

非标准田径场地的跑道点、位、线的计算，对一些施工人员来说有些困难，通过上面的例子，可以帮助其学习、理解计算方法，有助于提高画线的准确性。

附录1　非标准田径场地建设的参考数据

中华人民共和国住房和城乡建设部制定发布的《中小学校体育设施技术规程》，为我们提供了非标准田径场地建设的参考依据（附表1）。

附表1　中小学校小型跑道规格（单位：m）

R	200m			300m			350m		
	A	B	C	A	B	C	A	B	C
15	92.008	42.20	52.248						
16	90.866	44.20	49.106						
17	89.724	46.20	45.965						
18	88.583	48.20	42.823						
19	87.441	50.20	39.681						
20	86.300	52.20	36.540						
21	85.158	54.20	33.398						
22				138.897	61.08	80.257			
23				137.755	63.08	77.115			
24				136.614	65.08	73.974			
25				135.472	67.08	70.832			
26				134.330	69.08	67.690			
27				133.189	71.08	64.549	158.189	71.080	89.549
28				132.047	73.08	61.407	157.047	73.080	86.407
29				130.906	75.08	58.266	155.906	75.080	83.266
30							154.764	77.080	80.124
31							153.622	79.080	76.982
32							152.481	81.080	73.841
33							151.339	83.080	70.699
34							150.198	85.080	67.558

注：1. 200m跑道按4条分跑道，300m、350m跑道按6条分跑道。

2. 一般200m跑道半径15～21m，300m跑道半径22～29m，350m跑道半径27～34m。

3. R为跑道内沿半径，表中A为空地长，B为空地宽，C为直段长。

4. 每分道的实际周长均由内沿0.2m处丈量（按无道牙），道宽1.22m。

5. 跑道外围安全区应大于1.0m。

附录2 球类场地参考图

一、足球场地画线

1. 十一人制足球比赛场地规格：长105.00m，宽68.00m；场地边线外缓冲区≥1.50m，端线后缓冲区≥2.00～3.50m，球门线后缓冲区≥6.00m。场地内各功能线画线如附图1所示。

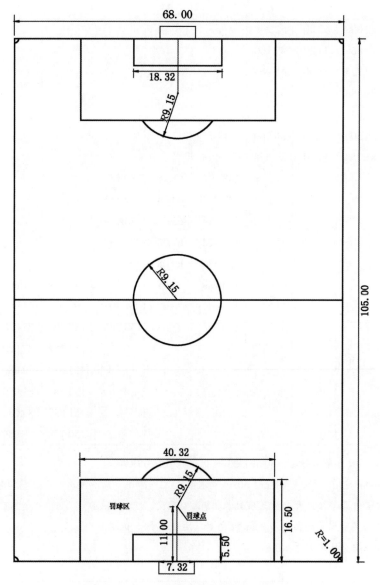

附图1 十一人制足球场地平面图（单位：m）

2. 七人制足球比赛场地规格：长 45.00～90.00m，宽 45.00～60.00m；场地边线外缓冲区≥1.50m，端线后缓冲区≥2.00m。场地内各功能线画线如附图 2 所示。

场上线宽10～12cm,边线和端线的宽度都包括在场地的长、宽之内；其他各线的宽度也包括在所规定的距离之内。球门高2.00m, 内侧宽5.00m。角旗高1.3m。

附图 2　七人制足球场地平面图（单位：m）

3. 五人制足球比赛场地规格：长 38.00 ~ 42.00m，宽 18.00 ~ 22.00m。场地边线外缓冲区 ≥1.50m，端线后缓冲区 ≥2.00m。场地内各功能线画线如附图 3 所示。

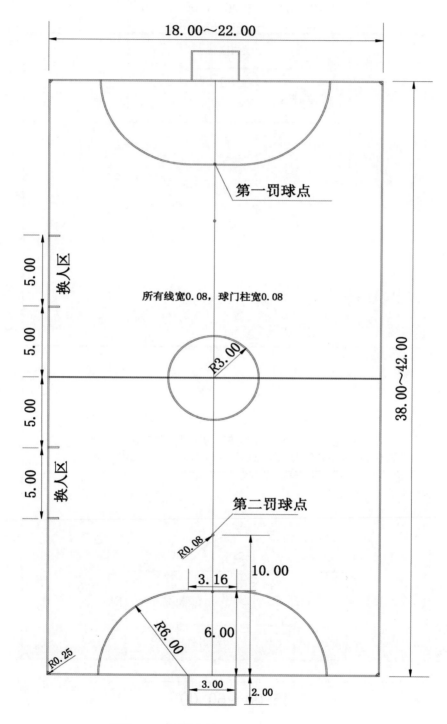

附图 3　五人制足球场地平面图（单位：m）

二、篮球场地画线

1. 测量定位边线和端线

首先确定中轴线，然后确定篮球场地中心点，再由中心点用勾股定理（15.883m，14.00m，7.50m）确定篮球场地四个角的点、位，连接四个角构成篮球场地的边线和端线。

2. 测量定位中线和罚球线

由中心点画出与端线平行的直线交于边线中点，这就是中线；罚球线是距端线 5.80m 并平行于端线的两条线，两条罚球线与中轴线相交，这也是罚球线中点；从中点向两罚球线两边丈量 2.45m，再从这四个点画与边线平行的直线与端线相交，就画出了禁区。

3. 画禁区后的两个半圆圈和中圈

以罚球线中点为圆心，以 1.80m 为半径画弧交于罚球线，这就是禁区后的两个半圆圈。以中心点为圆心，以 1.80m 为半径画圆，这就是中圈。

4. 画三分球弧线和无撞人区弧线

从中轴与端线交点向场地内丈量 1.575m（此点为篮球圈投影中心点），以此点为圆心，以 6.75m 为半径画弧，交于距边线 0.90m 并平行于边线长 2.99m 的直线，此为三分球线。

以球圈中心点为圆心，以 1.25m 为半径画半圆弧，从半圆弧向端线方向画 0.375m 且平行于边线的线段，这就是无撞人区弧线。

5. 画篮下站位分位线

在禁区边线距端线 1.75m 外画长 0.10m、宽 0.05m 短线，再丈量 0.85m 画长 0.40m、宽 0.10m 短线，再丈量 0.85m 画长 0.10m、宽 0.05m 短线，再丈量 0.85m 画长 0.10m、宽 0.05m 短线。

四条禁区边线都按此画出，如附图 4 所示，这就是篮下禁区边的站位分位线。

6. 复测验证

用对角线、弧与弧净空距离，复测所有丈量的线是否符合图纸上所标的尺寸。全场对角线（净空）=31.765m，半场面对角线（净空）=20.501m，3 分球弧与罚球线后半圆弧的净空 =0.675m，无撞人区的直径净距离 =2.50m，3 分球区与边线净空距离 =0.90m。

7. 粘贴胶带、涂油漆

篮球场地边线、端线和无撞人区线不含线，其他线都含线，线宽 0.05m。中线骑在中间，分占两半场 0.025m。

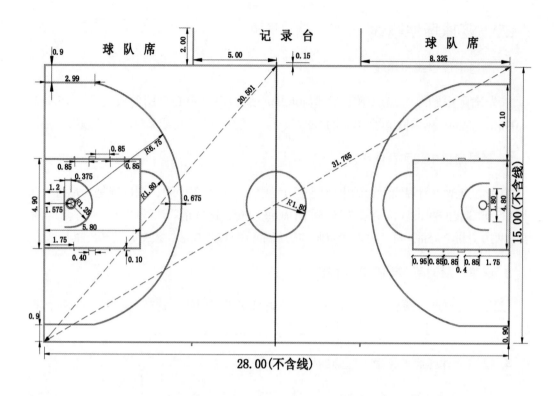

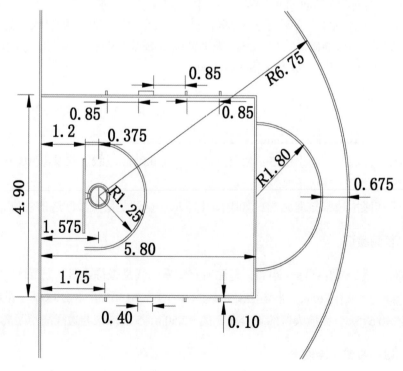

附图 4　篮球场地平面图（单位：m）

三、排球场地画线

1. 场地尺寸：长 18.00m，宽 9.00m；颜色宜为白色，线宽 0.05m，界线宽度包含在场地各个区域内。场地四周缓冲区≥3.00m；国际排联世界性比赛场地边线外的缓冲区≥5.00m，端线外的缓冲区≥8.00m；成年世锦赛和奥运会比赛场地边线外的缓冲区≥6.00m，端线外的缓冲区≥9.00m。

2. 高度：排球比赛场地净高≥12.50m。

3. 比赛场地其他功能画线如附图 5 所示。

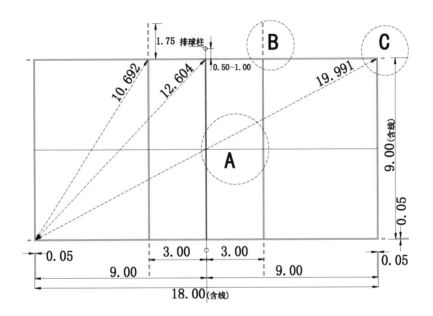

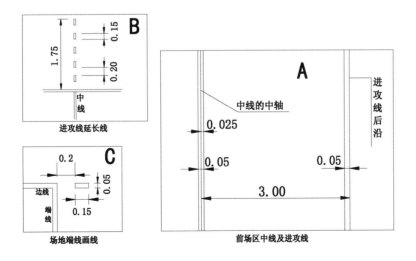

附图 5　排球场地平面图（单位：m）

四、网球场地画线

1. 场地尺寸：允许误差 ±0.05m；单打场地主打区：长 23.77m，宽 8.23m；双打场地主打区：长 23.77m，宽 10.97m。

2. 场地缓冲区：边线外 3.66～4.03m，端线外 6.40～7.12m。

3. 场地净高：室内网球场地中心不低于 12.50m，四周墙壁及场地外围地区最低高度为 3.00m。

4. 比赛场地其他功能画线如附图 6 所示。

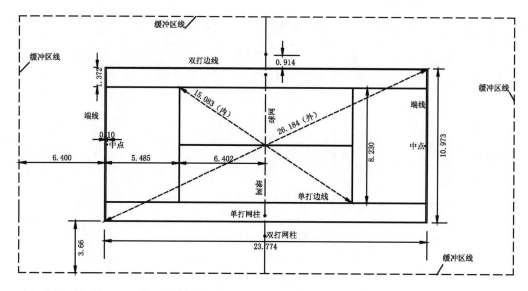

全场除了端线可宽 0.10m 外，其他各线不得超过 0.05m 也不得少于 0.25m。各区丈量都从各线外沿计算。

附图 6 网球场地平面图（单位：m）

五、羽毛球赛场地画线

1. 场地尺寸：单打场地规格：长 13.40m，宽 5.18m；双打场地规格：长 13.40m，宽 6.10m；场地画线颜色宜为白色，线宽 0.04m，应包含在场地的各个区域内。

2. 场地缓冲区：边线外 ≥2.00m，端线外 ≥2.30m；两片场地间距 ≥0.90m。场地净高 ≥12.00m。

3. 比赛场地其他功能画线如附图 7 所示。

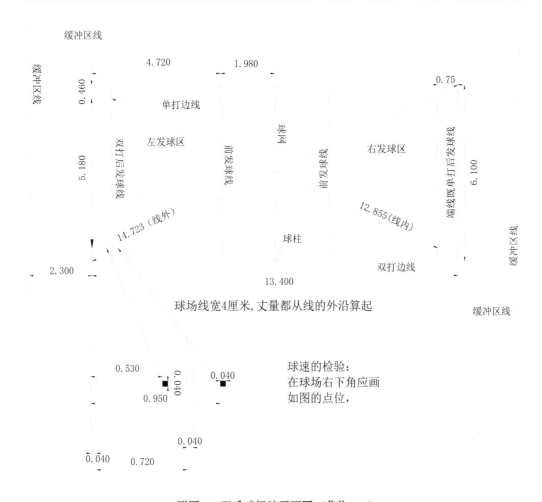

附图 7　羽毛球场地平面图（单位：m）

六、手球场地画线

1. 七人制比赛场地：长 38.00~44.00m，宽 18.00~20.00m。室内专业比赛宜用 40.00m×20.00m 的场地。安全区范围为比赛场区外，边线外≥1.00m，端线外≥2.00m；无障碍区范围为安全区以外，边线外≥2.00m，端线外≥4.00m。球门线（在两个球门柱之间）的宽度为 0.08m，与立柱同宽，其他场地各线宽为 0.05m，各线宽度应包括在各自界定的场区内。

2. 室内场地净高 7.00m 或 9.00m。

3. 比赛场地其他功能画线如附图 8 所示。

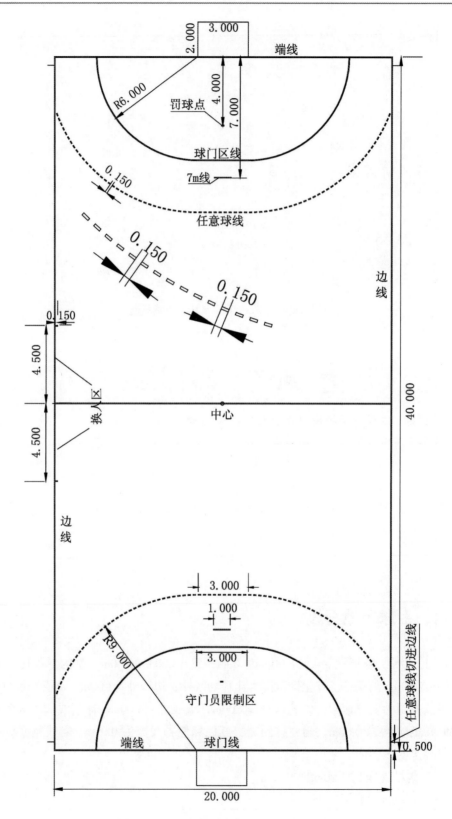

附图 8　七人制手球场地平面图（单位：m）

参 考 文 献

[1] 中国田径协会. 田径竞赛规则（2018—2019）[M]. 北京：人民体育出版社，2018.

[2] 中国田径协会. 田径场地设施标准手册 [M]. 北京：人民体育出版社，2012.

[3] 国家市场监督管理总局，国家标准化管理委员会. 体育场地使用要求及检验方法 第6部分：田径场地：GB/T 22517.6—2020 [S]. 北京：中国标准出版社，2020.

[4] 国家市场监督管理总局，国家标准化管理委员会. 合成材料运动场地面层：GB/T 14833—2020 [S]. 北京：中国标准出版社，2020.

[5] 中华人民共和国建设部，国家体育总局. 体育建筑设计规范：JGJ 31—2003 [S]. 北京：中国建筑工业出版社，2003.

[6] 中华人民共和国住房和城乡建设部. 中小学校体育设施技术规程：JGJ/T 280—2012 [S]. 北京：中国建筑工业出版社，2012.

[7] 孙大元. 塑胶面层运动场地建设与保养指南 [M]. 北京：人民体育出版社，2004.

[8] 叶国栋. 体育运动场地 [M]. 北京：人民体育出版社，1981.

[9] 同济大学应用数学系. 微积分 [M]. 北京：高等教育出版社，2001.

[10] Lvor Horton. Visual C++ 2005入门经典 [M]. 李颂华，康会光，译. 北京：清华大学出版社，2007.

[11] 国家市场监督管理总局，中国国家标准化管理委员会. 中小学合成材料面层运动场地：GB 36246—2018 [S]. 北京：中国标准出版社，2018.

[12] 北京建筑工程学院，中国建筑标准设计研究院. 体育场地与设施（一）：GJBT—1050 [S]. 北京：中国计划出版社，2008.

[13] 世界田径联合会. 世界田联田径场地设施手册（上册）[M]. 中国田径协会，译. 北京：中国标准出版社，2022.

[14] IAAF. World Athletics Technical Rules [EB/OL]. (2023-11-01)[2023-12-08]. https://worldathletics.org/about-iaaf/documents/book-of-rules.

后 记

　　本书撰写过程中得到了原中国田径协会裁委会常务副主任王云峰先生和中国田径协会竞赛委员会委员、福建省田径协会裁委会主任江仁虎老师的大力支持和帮助，第一版出版前，还得到了人民体育出版社丛明礼老师的精心审阅、批改，在此向他们表示衷心的感谢。本书计算机程序编制、数据处理和图表制作由陈琳完成。